KB029113

수학이
불완전한 세상에
대처하는 방법

상상초월
석학강연
01

수학이 불완전한 세상에 대처하는 방법

박형주 지음 | 정재승 기획

해나무

머리말

수학, 불완전한 세상을 품다

박형주 아주대 석좌교수(수학자)

문자가 아직 발명되지 않았던 때, 그래서 기록된 역사가 남아 있지 않은 시대를 선사시대라고 한다. 고대 빌렌도르프의 비너스 같은 고고학적 출토품을 보면, 그 선사시대의 인류도 개인과 집단의 뜻과 기대를 상징을 통해 표현했던 것 같다. 오늘날의 눈으로 본다면 예술이라고 부를 만한 게 존재했던 것이다. 생존의 필요 때문에 사냥감의 수를 세었던 흔적도 있으니, 문자보다도 먼저, 어쩌면 언어보다도 먼저, 셈과 수는 이렇게 인류 곁으로 다가왔다.

이렇게 시작된 수학은 고대 이집트와 바빌로니아에서 문명의 여러 필요에 따라 상당한 수준으로 발전했는데, 피라미드와 국제교역에서 관찰되는 건축의 수학과 상거래의 수학은 지극히 자연발생적이다. 하지만 이러한 수학을 전혀 새로운 차원으로 옮겨다 놓은 것은, 추상화와 공리화를 통한 사유 체계를 만들어 낸 고대 그리스 문명이었다. 이 사유 체계는 르네상스를 통해 중세로 이어지며 서양 지성사의 핵이 되었다.

이 철학적 사유 체계는 문명의 필요에 답하는 과정에서 실체적 힘을 발휘하기도 했다. 중세 이후의 유럽에서 식민지 확보가 국가의 존망을 좌우하던 시절에는 항해 기술이 경쟁력의 핵심이 되었는데, 삼각함수론이 출현해서 바다 한가운데서 배의 위치를 확인하는 것을 가능하게 했다. 농사와 계절 예측을 위한 달력 제작의 필요는 천체의 운동을 이해하려는 노력으로 이어졌고, 이 과정에서 미적분학이 출현했다. 당대의 혁신이라 부를 만한 이러한 사건 뒤에는, 이를 가능하게 하는 사유의 토대가 이미 준비되어 있었던 것이다.

이 기나긴 수학의 역사에서 관찰되는 큰 흐름은 우아함과 완전함에 대한 열망이다. 물리적 세계의 불완전함 이면에 있는 질서를 찾아내고, 수학적 단순화 과정을 거쳐 대칭과 조화를 표현하는 일에 매료된 수학자들은 역사의 도처에서 관찰된다.

하지만 세상은 완전하지 않다. 우주로 간 화성탐험선은 끊임없이 지구로 영상 신호를 보내지만, 태양의 자기장과 지구의 오존층에 이리 치이고 저리 치여서 엉뚱하게 변질된 신호가 지구의 과학자에게 도착하지 않는가? 원자의 세계는 뉴턴역학의 결정론이 아니라 양자역학의 확률적 개념으로 접근해야 한다는 사실에 아인슈타인은 절망하며 "신은 주사위 놀음을 하지 않는다"라고 하지 않았던가? 프랙탈의 개념을 처음 발견한 망델브로는 불규칙과 무질서가 자연의 본질에 더 가깝다고 결론내리지 않았는가?

2012년 초의 추운 겨울에 눈망울이 보기 좋던 어린 학생들 앞에서 수학 얘기를 할 기회를 얻었다. 완전한 것을 다루는 깔끔한 수학이 아니라, 불완전한 세상을 다루어야 하는 수학을 말해주기로 했다. 그래서 소통과 통신의 과정에서도 오류가 생기는 불완전한 세상이지만 이것을 해결해주는 수학 이론인 코딩 이론이 있다는 얘기로 시작했다. 이어서 무작위성과 확률의 세계로 옮아갔으며, 매끄럽지 않은 세상을 다루는 프랙탈 기하를 소개하며 끝냈다. 마지막 강의에서 소개한 망델브로의 말이 기억에 남는다.

> 구름은 동그랗지 않고, 산은 원뿔 모양이 아니며, 해안선은 원형이 아니고 나무껍질은 부드럽지 않고, 번개는 직선으로 움직이지 않는다.
>
> – 브누아 망델브로, 『자연 속의 프랙탈 기하학』 중에서

이 책의 여러 곳에서 조금 까다로워 보이는 수식이 나오곤 하지만, 독자의 경험에 따라 행간을 읽어 나가면 맥락의 이해에는 큰 문제가 없을 것이다. 글로 적고 보니 더 들려주고 싶은 얘기들도 떠오르지만 이 만큼 적을 수 있었던 것에 감사한다. 불완전하고 무작위하고 무질서한 것조차 오히려 흥미롭게 바꾸는 수학의 마력을 느끼는 계기가 된다면 족할 것이고, 더 깊은 수학의 세계로 들어가는 동기가 된다면 더할 나위 없이 좋을 것이다.

기획의 말

과학하는 삶으로의 초대

정재승 KAIST(카이스트) 바이오및뇌공학과 교수

"이 시리즈의 취지는 학문의 최전선에 선 최고의 석학들을 모시고, 학생들이 알아야 할 과학의 정수를 맛보게 하는 것입니다."

상상초월 석학강연에 오신 여러분을 진심으로 환영합니다. 이 시리즈는 과학의 최전선에 선 석학들이 이제 갓 세상에 관심을 갖게 된 중고등학생들에게 했던 1년간의 뜨거운 과학 강연을 책으로 묶은 야심작입니다.

요즘은 과학 강연이 서서히 하나의 문화로 자리 잡게 되었지만, 4년 전 이 책을 기획할 때만 해도 '강연을 통한 과학 만나기'는 학생들에게 낯선 경험이었습니다. 특히 학교가 아닌 곳에서 입시와 상관없는 주제로 세계적인 석학들의 강연을 듣는다는 것은 더욱 생경한 경험이었지요. 하지만 그들이 이 강연을 얼마나 즐겼는지 아세요? 그 현장의 감동이 이 시리즈 안에 고스란히 담겨 있습니다.

이 시리즈를 기획하게 된 건 순전히 제 개인적인 경험에서 비롯되었습니다. 저는 고등학교 때 과학자의 강연을 꽤나 많이 찾아다녔습니다. 대학 캠퍼스에서 벌어지는 흥미로운 세미나는 제게 입시에 관한 생각에서 벗어나게 해주는 일종의 탈출구였습니다. 학교에서 배우는 과학은 따분하고 지루했지만, 과학자들이 현재 실험실에서 진행하고 있는 연구, 그리고 그것을 통해 우리가 알게 된 우주와 자연과 생명에 대한 지식은 그 자체로 경이로움이었습니다.

무엇보다, 학교에서 친구들과 함께 들어야 하는 수업이 아니라, 스스로 강연 정보를 알아내 자발적으로 찾아와 듣는 강연의 한복판에 제가 앉아 있다는 사실이 저 스스로를 매우 특별한 사람으로 인식하게 하는 계기가 되었습니다. 저를 과학자로, 아니 세상에 대한 호기심이 가득한 어른으로 성장하게 만든 건, 8할이 과학 강연과 과학 책이었습니다.

그래서 최고의 석학들을 모시고 중고등학교 교실이 다 담아내지 못한 과학의 매력과 학문의 본질을 지금의 청소년들과 나눠보고 싶었습니다.

이 시리즈를 기획하면서 저는 학문의 최전선에 선 과학자들에게 직접 물어보고 싶은 게 있었습니다. "사춘기를 관통하며 자신을 둘러싼 세상과 스스로에 대해 호기심을 갖게 된 학생들에게 가르쳐주어야 할 가장 중요한 과학 개념은 무엇입니까?", 그리고 "물리학, 화학, 생물학, 수학에서 가장 중요한 단 하나의 개념을 꼽으라면 무엇을 선택하겠습니까?" 하고 말입니다.

이 시리즈는 바로 그 질문에 대한 석학들의 뜨겁고 열정적인 답변서입니다. 이 답장에는 그들이 평생을 거쳐 찾아낸 그 해답과 그것을 추적해온 그들의 학문적인 궤적, 그리고 그것들과 함께 해온 그들의 삶이 그대로 녹아 있습니다.

독자들은 이 시리즈에서 그들을 실험실에서 밤늦게까지 씨름하게 했던 하나의 질문, 책상 앞에서 고뇌하게 만들었던, 그 숙제 같은 자연의 신비가 무엇이었는지 알게 될 겁니다. 그리고 그것의 작은 일부를 겨우 알아냈을 때 그들이 맛보았을 희열도 말입니다.

이 책에서는 세상과 동떨어진 수학이 아니라 세상 한가운데로 나온 수학을 다루고 있습니다. 매끈하지도, 조화롭지도 않은 세상을 과연 수학이 어떻게 다루는지를 엿볼 수 있을 뿐 아니라, 이 복잡한 세상을 거대한 패턴 덩어리로 판단하고 그 과정에서 세상에 관한 통찰을 건져내는 수학을 접할 수 있을 겁니다. 매력적인 수학이 여기 있습니다.

과학은 어렵고 쉽게 이해되지 않지만, 과학자들이 밝혀낸 우주와 자연과 생명과 의식, 그리고 숫자는 그 자체로 경이로움이며 우리 모두가 만끽할 수 있는 즐거움입니다. 사춘기 시절 그 경이로움을 공유하는 것은 '평생 자연에 대해 호기심을 갖는 열정적인 어른', '늘 배움에 열려 있는 성숙한 어른'으로 성장하는데 가장 중요한 경험이 될 것입니다. 여러분의 과학하는 삶이 이 책에서 비로소 출발했으면 합니다.

이 기획에 흔쾌히 참여해 귀중한 시간을 내주신 교수님들과 책이 나오기까지 애쓴 해나무 편집부에 진심으로 감사의 말씀을 올립니다.

차례

박형주

수학자

코끼리라고 말했는데 왜 캥거루로 전달되었을까? 연인 사이에도 뜻이 다르게 전달되어 크고 작은 문제가 생기곤 한다. 게다가 제3자가 끼어들어 말을 전달하면서 왜곡과 오해가 생기는 경우는 비일비재하다. 인간사에서 일어나는 이런 일은 디지털 통신에서도 일어난다. 0과 1로 이루어진 디지털 신호에 잡음이 섞이면 0이 1로 바뀌거나 1이 0으로 바뀌는 경우가 종종 생기는 것이다. “아니오”라는 메시지를 받아도 여러 정황을 고려해 “예”인지 “아니오”인지 추측하는 체계적인 이론이 있다면 얼마나 좋을까? 전달받은 메시지가 본래의 메시지인가를 확인한 후 자동으로 교정까지 하는 수학 이론이 있다. 바로 ‘코딩 이론’이다. 가히 소통의 이론이라 할 만하다.

1강

코딩 이론

소통의 수학 이론

현대는 IT시대, 즉 정보화시대입니다. 대량의 정보를 처리하고 압축하고 통신하는 일이 일상적으로 일어납니다. 이 과정에서 무수한 수학 문제가 출현했습니다. 화상 채팅의 경우만 봐도, 얼굴 모습을 담은 동영상이 인터넷을 통해 상대방에게 전송되는데, 데이터량이 만만치 않아서 그렇게 큰 데이터를 보내는 일은 쉬운 일이 아닙니다. 제한된 통신채널에서 큰 데이터를 보내려고 하니 압축해야 하고, 이때 어떻게 압축할 것인가 하는 문제를 고민하다 보니 수학적 해결 방법이 자연스레 출연했습니다.

대량의 정보를 처리해야만 하는 사람들은 그것들을 어떻게 효율적으로 처리하고 통신할 것인가를 생각할 수밖에 없었는데, 수학자들이 정보 통신에 본격적으로 기여하기 시작한 것은 이때부터입니다. 사실 실용적인 응용수학 이론은 19~20세기에 발달했던 사변적이고 추상적인, 어쩌면 자기만족적으로 보이기도 했던 순수수학을 바탕으로 하고 있습니다. 응용과 무관하게 수학자들이 추구했던 것들이 20세기에 정보 처리를 하게 되면서 주요한 무기가 된 것입니다. 순수수학과 응용수학은 서로 전혀 관계없이 발전해온 것처럼 보이지만 상호작용을 하면서 새로운 차원의 융합형 수학으로 거듭나는 중인 셈입니다.
이런 질문을 여러분에게 던져보고 싶습니다. "수학은 과연 유용하긴 한가요?" 잠시 언급한 것처럼, 실용성을 전혀 염두에 두지 않고 발전했던 순수수학이 깜짝 놀랄 정도로 유용하다는 것을 요즘 많은 사람들이 알게 되었습니다. 특히 우리가 다룰 코딩 이론Coding Theory의 경우에는 공학자들의 관심이 지대합니다.

불완전한 세상과 코딩 이론

옆의 그림을 한번 볼까요? 한 남자가 한 여자에게 말을 건넵

©윤성중

니다. 남자는 동그라미를 얘기하고 있는데 여자는 네모라고 알아듣습니다. 서로 다른 얘기를 하는 상황입니다. 사실 가까운 사이인데도 의사소통이 잘 안 될 때가 있습니다. 여자가 "싫어요"라고 했는데, 남자가 "좋아요"라고 해석할 때도 있습니다. 이처럼 일상생활에서 말한 사람의 진의가 제대로 전달되지 않는 경우는 부지기수입니다.

전화, 이메일, 문자, 인터넷 화상 통화 등을 포함한 의사소통 및 정보교환은 모두 통신입니다. 두 사람이 마주 앉아서 얼굴 보고 이야기하는 것도 모두 의사소통, 즉 통신입니다. 그런데 불행하게도 우리가 사는 세계는 완벽하지 않아서 많은 실수와 착오가 발생합니다. 자신이 말하려고 했던 것과는 다른 엉뚱한 내용으로 상대방에게 전달되는 거죠.

이런 오해로 역사가 바뀐 예도 참 많습니다. 조선의 왕 인조의 아들이던 소현세자는 청나라에 볼모로 끌려가서도 서양문물을 받아들이고 상재에 능하여 거부가 되었으며, 노예로 끌려온 많은 조선인들을 돈을 주고 해방시킨 재기발랄하고 영특한 왕자로 알려져 있습니다. 하지만 오랜 볼모 생활을 마치고 그립던 고국 땅으로 돌아왔음에도 그의 영특함과 청나라와의 돈독한 관계 때문에 아버지인 인조로부터 반정의 의심을 사서, 결국 독살되었다는 설이 많지요. 물론 정사 속에는 병사한 것으로 되어 있지만, 실록에도 독살을 시사하는 표현이 있습니다. 그가 부왕에게 뭐라고 하든, 의심이 깊던 아버지는 바뀐 메시지만 접수하는 상황이었던 것입니다. 현대 통신 이론의 용어로는 통신채널의 에러율error rate이 극단적으로 높은 경우로 볼 수 있습니다.

통신 과정에서 어쩔 수 없이 일어나는 이런 착오는 디지털 정보의 교류에서도 예외가 아닙니다. 전달하는 정보에 생긴 오류를 바로잡아가면서 정확하게 정보를 전달해주는 이론은 이래서 반드시 필요합니다. 정보의 교류 중 발생하는 착오, 즉 에러를 탐지하거나 교정하는 이론이 바로 코딩 이론입니다. 코딩 이론은 원래의 메시지가 엉뚱하게 변한 채로 전달되어도 그것을 알아채고 자동으로 교정까지 해서 원래 보내고자 하는 메시지를 전달해주는 수학 이론이라고 할 수 있습니다.

코딩 이론의 역사

비트bit는 컴퓨터가 저장할 수 있는 데이터의 최소 단위를 말합니다. 요즘 컴퓨터 운영체계OS는 34비트에서 64비트로 옮겨가는 중입니다. 그러면 32비트 컴퓨팅은 무엇이고, 64비트 컴퓨팅은 무엇일까요?

클로드 섀넌Claude Shannon, 1916~2001

코딩 이론을 정초한 전기공학자 섀넌

'비트bit'라는 말을 처음으로 만든 미국의 전기공학자다. 암호해독자이자 항공기 조준기 개발자, 정보통신 이론가, MIT 교수, 로봇 발명가로서의 삶을 살았다. 클로드 섀넌이 '디지털의 아버지' 혹은 '정보 이론의 아버지'로 불리는 것은 최초로 0과 1로 모든 정보를 전달하는 방법, 즉 언어, 음성, 이미지 정보를 이진법으로 표현하는 방법을 고안했기 때문이다. 리처드 도킨스는 책 『악마의 사도』에서 섀넌을 "정보에 대한 학문적 개념을 정한 학자"라고 평가하기도 했다.

1948년 섀넌이 발표한 논문 「통신의 수학 이론(A Mathematical Theory of Communication)」(1948)은 엔트로피의 개념을 도입해 정보량(정보가치)을 다루는 방법 등을 제안한 기념비적인 논문이다. 섀넌에 따르면 정보량(정보가치)이 높을수록 엔트로피(불확실성)도 커지고, 정보량은 일어날 확률에 반비례한다. 코딩 이론도 이 논문에서 출발했다. 섀넌은 이 논문에서 이제 일상어가 되어버린 비트라는 단어를 처음 사용하면서 통신 과정에서의 왜곡을 어떻게 해결할 것인가의 문제를 다루었다.

MIT에서 은퇴한 이후에는 미로를 빠져나오는 마우스 로봇, 체스를 두는 로봇, 저글링 로봇 등을 발명하기도 했는데, 어떤 것들은 아주 유머러스한 발명품이었다. 상자의 스위치를 켜면 뚜껑이 열리고 그 속에서 기계 팔이 나와 상자 밖에 달린 스위치를 끄고, 다시 뚜껑이 닫히는 발명품도 있었다.

비트라는 말은 원래 수학자가 만든 말입니다. 처음 비트를 사용한 사람은 코딩 이론을 정초한 수학자 클로드 섀넌Claude Shannon입니다. 섀넌은 1948년 「통신의 수학 이론A Mathematical Theory of Communication」이라는 불세출의 논문, 현대 정보 이론의 출발지라고 할 만한 이 뛰어난 논문에서 섀넌은 'Binary Digit'의 줄임말인 비트bit라는 신조어를 사용했습니다. 당시에는 이 신조어가 20세기 말에 현대 문명을 바꾸리라고는 그 누구도 짐작하지 못했습니다.

1960년대까지만 해도 코딩 이론은 지나치게 추상적이라는 이유로 그 실용성에 의문을 품는 사람들이 많았습니다. 지금의 시각에서는 코딩 이론이 통신 과정에서 생긴 오류를 탐지하고 교정하는 이론이므로 굉장히 유용해 보이지만, 당시 공학자들에게 코딩 이론은 복잡한 수학 이론일 뿐이었습니다. 그런데 상황이 급변했습니다. 1957년에 소련이 우주로 인공위성을 쏘아 올리고, 1969년에 인류가 달에 첫 발을 내딛는 등 우주탐사가 본격적으로 시작되자 코딩 이론이 주목을 받기 시작했습니다. 그리고 1970년부터 우주탐사에서 실제로 빛나는 성과를 보여줌에 따라 코딩 이론에 대한 회의론이 말끔히 사라졌습니다.

그러면 코딩 이론은 어떻게 우주탐사에 기여했을까요?

코딩 이론이 필요했던 이유는 다음과 같은 문제가 등장했기 때문입니다. '우주에서 찍은 사진을 지구로 어떻게 보내야 하는가?' 인류가 화성을 연구하기 위해 화성탐사선이 화성의 모습을 찍었다면, 그 사진을 지구로 전송해줘야만 합니다. 이것은 전자적으로 사진을 보내는 방식으로 실현될 수 있습니다. 여기서 전자적으로 사진을 보낸다는 말은 무슨 뜻일까요? 도대체 어떻게 보낸다는 것일까요?

사진과 음성을 전송하는 방법

사진이 눈앞에 한 장 있다고 해봅시다. 문제를 쉽게 하기 위해서, 우주에서 찍은 사진이 흑백사진, 그러니까 그레이스케일 greyscale 사진이라고 가정해보죠. 이것을 가족에게 보내고 싶다면 어떻게 해야 할까요?

일단 잘게 쪼갭니다. 그레이스케일 사진을 잘게 쪼갠다는 말은 예컨대 600×600으로 쪼갠다는 뜻입니다. 여기서 1×1로 만들어지는 정사각형을 픽셀pixel이라고 합니다. 600×600 사진은 36만 개 픽셀로 이루어지는 정사각형 사진입니다. 요즘은 보통 1메가 픽셀(100만 개 픽셀, 즉 1000×1000 사진) 이상의 고해상도 카메라를 사용하지만, 1970년대 초만 해도 이런 저해상도 카메

©NASA

우주에서 찍은 첫 번째 지구 사진. 우주에서 지구로 화상신호를 보내면 그 과정에서 태양 활동의 영향과 지구 대기의 난조건으로 인해 복구할 수 없는 에러가 많이 발생한다. 코딩 이론은 이 에러들을 바로잡고 사진을 훌륭하게 재생해내는 데 활용되었다.

라를 사용했습니다.

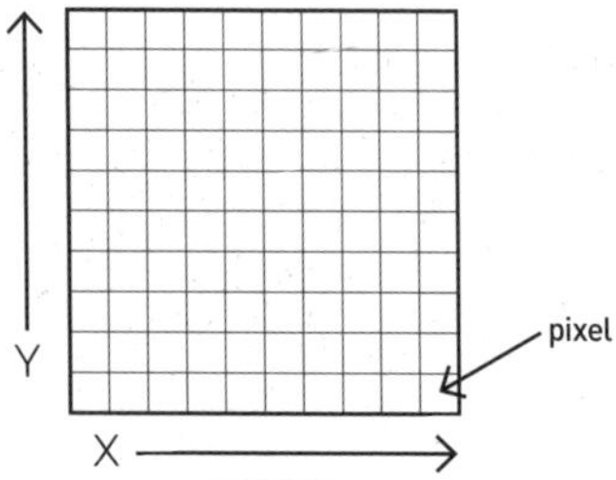

픽셀이란?

먼저 그레이스케일의 밝기를 0에서 255까지 256개로 구분합니다. 그러고 나서 첫째 행의 왼쪽부터 각 픽셀의 밝기를 체크합니다. 한 행이 끝나면 두 번째 행으로 넘어갑니다. 그러면 각 픽셀마다 어떤 것은 2, 어떤 것은 10, 어떤 것은 255 등으로 밝기가 모두 다를 것입니다. 밝기를 수치화한 숫자들을 쭉 나열하면 특정 수열이 나옵니다. 이 특정 수열을 지구로 전송하는 것입니다.

Super-VGA 디스플레이, 800X600 픽셀

128	128	128	128	128	255	255
128	0	0	0	128	255	255
128	0	128	0	128	255	128
128	0	0	0	128	255	128
128	255	128	128	128	255	255
255	255	255	255	255	255	255
255	255	0	255	255	255	255

0은 검은색, 255는 흰색을 나타낸다

즉 사진을 보낸다는 의미는 이 특정 수열을 보낸다는 뜻입니다. 단 0~255 사이의 숫자는 이진법으로 바꿔서 보내야 전기적으로 보내기가 용이하기 때문에, 10010000…, 이런 식으로 바꿔서 보내야 합니다. 256이면 2^8이므로, 8비트, 즉 2진법으로 여덟 자리의 숫자들이 필요합니다. 그러니까 이 사진을 보낸다는 것은 8비트짜리 정보를 600×600개 보내는 것입니다. 결국 보내는 건 많은 수의 0과 1입니다. 600×600 픽셀의 그레이스케일 사진 하나를 보내기 위해서는 8×600×600=2,880,000개의 0 또는 1을 보내야 합니다.

컬러 사진을 보내는 것도 다를 게 없습니다. 각 픽셀에 밝기를 나타내는 숫자 하나가 아니라, 빨강-초록-파랑(RGB)의 비율을 나타내는 세 개의 숫자를 할당하고 보내야 한다는 것만 다릅니다. 물론 3배 더 많은 숫자를 보내야 하니까 그레이스케일

한 걸음 더

21세기의 화성탐사선 큐리오시티

©NASA

2012년 8월 6일, 전 세계인이 지켜보는 가운데 미국우주항공우주국 NASA의 화성탐사로버 큐리오시티가 성공적으로 화성에 착륙했다.
높은 수준의 코딩 이론을 사용하는 큐리오시티는 생생한 화성 지표면의 모습을 찍어서 보내주었다. 다양한 암석과 지형 사진, 그리고 화성의 토양 분석 정보들이 그속에 포함되어 있었다. 우리는 이들 사진과 정보를 통해 화성에 한때 물이 존재했을 뿐 아니라 강이 흘렀고, 지금 화성의 내부에 물이 존재할 가능성이 매우 높다는 사실을 알 수 있게 되었다.
나사에 따르면, 착륙하고 난 후 1년 동안 큐리오시티가 지구로 보낸 사진과 정보들은 약 190기가에 달한다. 고화질 영화 1편이 약 2기가 정도라고 한다면, 약 95편의 영화에 해당하는 정보를 보내준 셈이다.
또 나사는 지난 2012년 10월과 11월 사이에 찍은 900여 장의 사진을 연결해서 만든 파노라마 사진을 공개했는데, 큐리오시티를 중심으로 360도 회전할 때 보이는 화성의 전경들을 나사 홈페이지에서 파노라마 사진으로 확인할 수 있다(http://mars.nasa.gov/multimedia/interactives/billionpixel/index.cfm?image=PIA16918&view=cyl). 이 사진은 무려 10억만 화소를 자랑하는 고화질 사진이다.

사진을 보내는 것보다 컬러 사진 보내는 것은 더 느립니다. 이제 여러분은 적어도 사진 한 장을 우주에서 지구로 어떻게 보내는지 알게 되었을 겁니다.

그러면 목소리를 보내려면 어떻게 해야 할까요? 사진보다 목소리는 더 쉽습니다. 목소리 높이의 변화를 숫자로 바꾸면 됩니다. 시간이 지남에 따라 목소리가 5였다가, 3이었다가, 25였다가 하면서 높낮이가 변하는데, 이 높낮이 변화를 스캔해서 보내면 됩니다. 목소리의 높낮이를 시간에 대한 하나의 함수로 보고, 이를 이진수로 바꾸어서 보내는 것입니다.

코딩 이론의 필요성

이렇게 사진과 목소리를 전송하는 과정에서 가장 큰 어려움

은 전송 오류의 가능성입니다. 지구 밖의 우주에서 지구로 오는 신호는 태양 자기장의 영향을 받을 수 있습니다. 01001000, 01101001, … 등이 사이 좋게 오고 있는데 이 수열에 자기장이 영향을 미치면 어떻게 될까요? 0과 1이 온다는 것은 전기신호가 있다가(1) 없다가(0) 하는 것인데, 자기장으로 인해 있던(1) 전기신호가 없어지게(0) 될 수가 있습니다. 1이 0이 되는 오류가 생기게 되는 것입니다. 01001000으로 보냈는데 01111001로 잘못 전송될 수가 있습니다. 여기에서 밑줄 친 숫자들은 전송과정에서 바뀐 것들입니다. 그러면 0과 1로 된 기나긴 숫자들을 8비트씩 잘라서 10진법으로 바꾼 다음 그 밝기를 표시하면 원래의 사진이 나와야 할 텐데, 0과 1이 제멋대로 바뀌면 뭐가 뭔지 알 수 없는 사진이 나오게 됩니다. 더욱이 태양의 자기장뿐 아니라 태양의 흑점 활동, 지구의 오존층 등 여러 가지 다양한 요인들이 신호를 방해합니다. 제대로 전송된다는 게 오히려 신기할 정도입니다. 이때 기적을 만드는 것이 수학입니다. 코딩 이론이라고 하는 수학 이론이 받은 신호의 오류를 알아채고는 1을 0으로 또는 0을 1로 알아서 고치는 것입니다. 추상적인 수학 이론으로만 여겨지던 코딩 이론은 우주에서 지구로 전송되는 화상신호의 에러들을 바로잡고 사진들을 훌륭하게 재생해낼 수 있게 합니다. 즉, 태양 활동의 영향과 지구 대기의 난亂 조건으로 지구로 전송되는 화상신호에 회복할 수 없을 것 같은 에러가 많이 발생했지만 코딩 이론이 이 에러들을 바로잡았던 것입니다.

코딩 이론은 무엇인가

어떤 신호든 에러로부터 자유로울 수 없습니다. 1011이 1001로 바뀌는 것처럼, 0이 1로 또는 1이 0으로 바뀌는 일이 곧잘 발생합니다. 그럼 코딩 이론은 어떤 방식으로 오류를 잡아내고 교정하는 것일까요?

가장 간단한 방법은 한 자리를 더 쓰는 방법입니다. 즉, 0111이라는 이진수가 있으면 여기에 임의적으로 숫자 하나를 더 붙이는 것입니다. 이때 규칙은 각 자리의 숫자들을 다 더했을 때 무조건 짝수가 되도록 0이나 1을 붙이는 것이라고 해봅시다. 0111이라는 숫자엔 1이 3개이니 짝수를 만들려면 1을 하나 더 붙이면 되고, 만약 0110이면 1이 2개이니 0을 붙이면 됩니다. 마지막에 하나 덧붙인 숫자에는 아무 정보가 없습니다. 여기서 아무 정보가 없다는 뜻은 앞의 숫자 4개에 의해 그 수가 결정된다는 뜻입니다. 마지막에 덧붙이는 숫자가 없어도 앞의 숫자 4개 안에 모든 정보가 들어 있습니다. 새로운 정보도 없이 그냥 하나를 더 더

한 것이므로 어떤 의미에선 불필요한 중복redundancy입니다. 이미 안에 있는 것을 되풀이한다는 의미에서 '되풀이 비트'라고도 합니다. 그런데 이 방법에는 문제가 하나 있습니다.

원래 4비트만 보내면 되는데 5비트를 보내야 하기 때문에 전송하는 데 시간이 약간 더 걸립니다. 아무 정보도 없는 비트를 하나 더 붙여서 전송 속도를 늦추는 셈입니다.

되풀이 비트를 보내는 이유는 에러가 났을 때 알아차리기 위해서입니다. 보내고 싶은 메시지가 1011이라면 10111을 보내게 됩니다. 그런데 하나의 비트에 에러one bit error가 생겨서 10011로 전송되었다고 해볼까요? 전송된 메시지를 보니, 규칙에 어긋납니다. 수를 다 더했을 때 짝수가 나와야 하는데 그렇지 않습니다. 받은 사람은 전송된 메시지에 에러가 났다는 사실을 알게 됩니다. 정보가 없는 하나의 비트를 덧붙여서 전송 속도가 느려지긴 했지만, 하나의 비트에 에러가 났을 때에는 100% 에러를 탐지할 수 있습니다. 그러나 두 개의 비트에 에러가 나면 이 방법으로는 에러를 탐지할 수는 없습니다. 지금까지 설명한 방법은 하나의 비트에 에러가 난 경우만 탐지할 수 있는 아주 원초적인 코드였습니다. 아이디어는 매우 간단합니다. 홀짝의 개념만 쓴 것이니 특별히 수학이라고 할 만한 것도 보이지 않습니다.

하지만 이것을 조금 더 확장하면, 2~3개의 에러도 탐지할 수 있고, 심지어 교정할 수도 있습니다. 이때부터는 조금 더 깊이 있는 수학, 코딩 이론이 필요합니다.

이제 다음과 같은 규칙으로 신호를 보낸다고 해봅시다. 0은 무조건 000으로 바꾸고 1은 111로 바꾸어 보냅니다. 1011이라는 신호를 보내려면 훨씬 긴 111000111111을 보내야 하니 쓸데없이 전송이 느려지고 번거로워 보입니다. 그런데 여기에 근사한 아이디어가 숨어 있습니다. 누군가가 메시지를 보냈는데 101000으로 왔다면, 이 메시지는 에러가 난 메시지입니다. 메시지가 전송되어 오다가 어떤 식으로든지 교란이 일어나 앞자리의 101에 에러가 생겼습니다. 이 메시지를 받은 사람은 111이었던 메시지에 하나의 에러가 생겼거나, 000이었던 메시지에 두 개의 에러가 생겼거나, 이 둘 중의 하나라는 것을 알 수 있습니다. 받은 사람은 에러를 탐지할 수 있을 뿐 아니라, 원래 어떤 신호였을지도 추측해볼 수 있습니다. 111일 가능성이 더 높고, 그 다음 000일 가능성도 조금 있다고 추측할 수 있습니다. 확률적으로 보면 하나의 비트에 에러가 날 확률이 더 높으니, 아마도 111000이었을 것이고, 따라서 원래 전송된 신호는 10이었을 것이라고 추측할 수 있습니다. 따라서 자동으로 10으로 교정합니다. 이런 식으로 에러가 자동적으로 교정됩니다.

물론 에러를 교정하려면 비싼 대가를 치러야 합니다. 원래 보내고 싶은 메시지의 3배나 되는 신호를 보내야 하기 때문입니다. 10만 비트를 보내고 싶은데 30만 비트로 보내는 상황입니다.

여기서 수학자가 해야 할 역할은 조금 더 적게 보내면서도 여전히 에러를 자동으로 교정하는 방법을 찾는 것입니다. 목표는 위에서 설명한 방식보다는 복잡하더라도 최대한 적게 비트를 보내는 방법을 찾는 것인데, 여기서부터 본격적인 수학 문제가 등장합니다.

코딩 이론을 위한 기초지식

먼저 코딩 이론에 자주 등장하는 용어를 정리해보고 가겠습니다. '표본공간'은 영어로 'sample space'라고 하는데, 어떤 과정의 모든 결과를 모아놓은 것을 말합니다. 즉 어떤 과정을 끝내고 나면 여러 가지 결과가 나올 수 있는데, 그 결과를 다 모아둔 것이 표본공간입니다. 표본공간은 무한한 표본공간도 많지만, 우리는 유한한 표본공간만 다룰 겁니다. 지금 여기서는 정보를 담고 있는 수열들을 다루고 있는데, 이들 수열들은 모두 유한 수열이기 때문입니다. '사건event'은 표본공간의 부분집합입니다.

그리고 주어진 표본공간 $S=\{S_1, S_2, \cdots, S_n\}$에 대해 다음의

성질을 만족하는 함수 $P: S \to \mathbb{R}$을 표본공간 S의 확률규칙 또는 확률이라고 합니다.

$0 \le P_i \le 1 \; \forall_i$ (∀라는 수학 기호의 뜻은 '임의의'라는 뜻이다.)

$$\sum_{i=1}^{n} P_i = 1$$

$$P(\varnothing) = 0$$

구체적으로 설명해보겠습니다. 일단 확률을 하나의 함수로 보면 됩니다. 사건 S_1의 확률은 P_1, S_2의 확률은 P_2, S_3의 확률은 P_3,⋯ 이런 식으로 각각의 사건에 대해서 확률을 다 대응시키는 것입니다. 이렇게 하면 P_1, P_2, P_3,⋯, P_n이라는 수열이 나오는데, 이것을 표본공간 S의 확률분포라고 합니다. S의 확률분포가 수열 $\frac{1}{n}, \frac{1}{n}, \cdots, \frac{1}{n}$이면, 즉 확률분포가 다 똑같으면 균일확률분포라고 합니다. 그리고 모든 사건 E의 개수가 n일 때, 각각의 사건이 나올 확률이 다 똑같으면 다 합쳤을 때의 전체 확률 P는 1이 됩니다. 여기서 표본공간 S에 속한 사건 E의 확률 $P(E)$는 E에 속한 모든 결과들의 확률을 합한 것입니다. 공집합의 확률은 0이라고 합시다.

다음으로 정리할 용어는 이진 비트 스트림binary bit stream, 삼진 비트 스트림ternary bit stream, 십진 비트 스트림decimal bit stream과 같은 용어입니다. 비트 스트림은 비트 단위로 전송하는 데이터를 얘기합니다. 여기서의 스트림은 수열입니다. 이진 비트 스트림은 01001처럼 0과 1로 된 수열을 말합니다. 삼진법을 쓰는 경우도 꽤 있는데, 삼진 비트 스트림은 2101100처럼 0, 1, 2로 된 수열을 말합니다. 사진법은 사진 비트 스트림quaternary bit stream, 오진법은 오진 비트 스트림quinary bit stream, 십진법은 십진 비트 스트림입니다.

다시 한 번 환기하자면, 이번 강의의 목적은 0과 1로 이루어진 이진 비트 스트림이 전송되는 과정에서 0이 1로 바뀌거나 1이 0으로 바뀌는 에러가 많이 생긴다고 할 때, 그와 같은 에러를 탐지하고 자동으로 교정하는 여러 코딩 방식을 살펴보는 것입니다. 가장 간단하게는 0이라는 위장변수를 잔뜩 넣으면 되겠지만 그런 방식은 전송 속도를 꽤 많이 늦추기 때문에 효율적이지 않습니다. 효율적인 코딩 방식이 되려면 최대한 전송 속도를 늦추지 않으면서도 정확하게 에러를 탐지하고 교정하는 방식이어야 합니다.

본격적으로 코딩 이론을 다루기 전에 꼭 필요한 기초지식들을 잠시 살펴보겠습니다.

코딩 이론의 이해를 돕는 순열과 조합

코딩 이론을 제대로 이해하려면 확률에 익숙해질 필요가 있습니다.

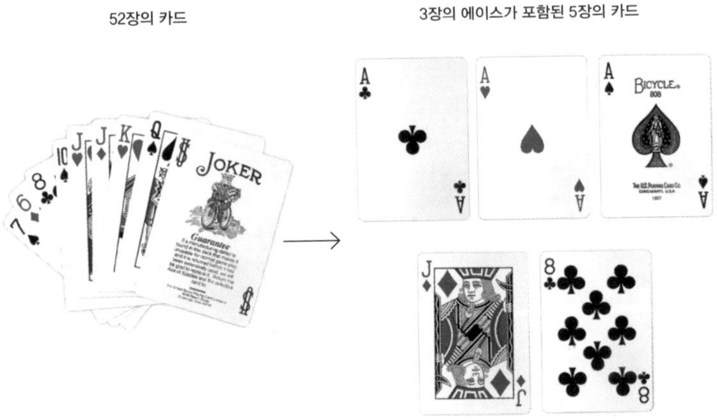

예를 들어 서로 다른 52장의 포커 카드가 있다고 해봅시다(조커는 제외). 1~13(A, J, Q, K 포함)까지 똑같은 숫자가 4개씩 들어 있고, 무늬는 클로버, 하트, 스페이드, 다이아몬드로 모두 네 종류입니다. 여기서 5장을 무작위로 꺼낼 겁니다. 꺼낸 5장의 카드에서 에이스(A)가 정확히 3장이 포함될 확률은 얼마일까요?

52장의 카드에서 하나씩 하나씩 카드를 꺼내는 사건은 종속 사건입니다. 앞의 사건이 뒤의 사건에도 영향을 미치기 때문입니다. 가령 첫 번째에 스페이드 A가 나오면 두 번째에서 다섯 번째까지는 스페이드 A가 결코 나올 수 없습니다.

그런데 주사위의 경우는 앞의 사건이 뒤의 사건에 영향을 주지 않습니다. 처음 3이 나와도, 두 번째에 3이 또 나올 수 있습니다. 이렇게 주사위를 던졌을 때 어느 한 숫자가 나오는 것과 같은 사건, 즉 앞의 사건이 뒤에 영향을 미치지 않는 사건을 독립 사건이라고 합니다.

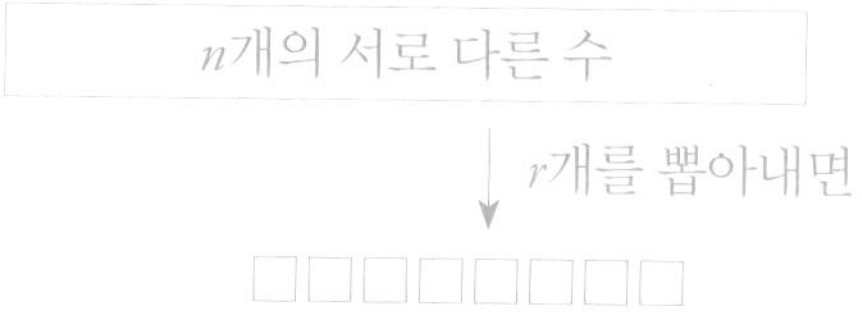

순열 ${}_nP_r = \frac{n!}{(n-r)!}$

조합 ${}_nC_r = \binom{n}{r} \Rightarrow {}_nC_r \times r! = {}_nP_r \Rightarrow {}_nC_r = \frac{{}_nP_r}{r!} = \frac{n!}{r!(n-r)!}$

조합은 예를 들면 52장의 카드가 있는데 그중에서 5개를 임의로 뽑는 것입니다. 즉 조합은 n개 중에서 r개를 뽑는 것을 말하며, 고등학교 교과서에는 이를 ${}_nC_r$로 표시합니다. 여기서의 C

는 'combination'의 약자입니다. 대학에서는 $\binom{n}{r}$이라고 씁니다. 영어로는 "n choose r", 이렇게 읽습니다. n에서 r을 고른다는 뜻 뜻입니다. 조합에서는 뽑는 순서를 고려하지 않기 때문에 1, 2, 4, 5, 3의 수열과 3, 5, 1, 2, 4의 수열을 같은 것으로 봅니다.

순열은 52장의 카드 중에서 5장을 임의로 뽑을 때 뽑는 순서가 다르면 별개의 경우로 보는 것을 말합니다. 즉 서로 다른 n개 중에서 r개를 뽑은 다음, 뽑는 순서대로 한 줄로 세우는 것을 순열이라고 합니다. 표기는 ${}_nP_r$이라고 씁니다. 여기서 P는 'permutation'의 약자입니다. 순열에서는 1, 2, 4, 5, 3의 수열과 3, 5, 1, 2, 4의 수열이 다르기 때문에, 조합으로 뽑은 경우의 수보다 순열로 뽑은 경우의 수가 훨씬 많습니다.

다시 52장의 카드 가운데 5장의 카드를 뽑는 예로 돌아가볼까요? 52장의 카드에서 처음에 뽑힐 수 있는 카드의 개수는 52개이고, 두 번째로 뽑힐 수 있는 카드의 개수는 (52−1)개이고, 세 번째로 뽑힐 수 있는 카드의 개수는 (52−2)개입니다. 이런 식으로 5장의 카드를 뽑는 경우의 수는 $52\times(52-1)\times(52-2)\times(52-3)\times(52-4)=311,875,200$입니다. 이것을 기호로 나타내면, 52개 중 5개를 뽑는 순열 ${}_{52}P_5=\frac{52!}{(52-5)!}$로 나타낼 수 있습니다. 그런데 5장의 카드로 이루어진 한 패는 뽑힌 순서에 따라 달라지지 않으므로 5장의 카드를 순서 있게 나열하는 경우의 수, 즉 $5\times4\times3\times2\times1=120$으로 나누어줄 필요가 있습니다. 이것이 바로 52장의 카드 가운데 5장의 카드를 뽑는 조합 ${}_{52}C_5 = \frac{{}_{52}P_5}{5!} = \frac{311875200}{120} = 2{,}598{,}960$이 됩니다.

그럼 꺼낸 5장의 카드에서 에이스가 정확히 3장이 포함될 사건 E를 구해봅시다. 사건 E는 52장의 카드 중에서 5장의 카드를 뽑는 경우인 표본공간 S의 부분집합입니다. 사건 E가 일어나는 경우의 수는 많습니다. A, A, A, 3♣, 5♠, 또는 A, A, A, 7◆, K♥ 등등. 카드가 52장이어서 얼마 되지 않을 것 같지만, 사실 거기서 5장 뽑는 방법만 해도 250만 개가 넘습니다. (이 방법이 조합이라서 그나마 다행입니다. 만약 순열이라면 여기에 5!을 곱해야 하므로 3억 개가 넘습니다!) 일반적으로 생각하는 것과 달리 카드 52장을 가지고 아주 많은 것을 할 수 있습니다.

예를 하나 들어보겠습니다. 어떤 수학 올림피아드에 학생 400명이 참여했으며, 이들 400명 중 100명만 기숙사에 묵을 수 있습니다. 단, 서로 사이가 안 좋아서 같은 공간에 있으면 안 되는 100명의 학생 리스트가 있습니다. 400명 중 100명을 뽑으면서도 리스트에 있는 학생 2명이 동시에 기숙사에 묵지 않도록 뽑는 방법은 몇 개가 있을까요? 몇 억? 몇 십억? 대략적으로 계산해도 이러한 조건하에서 400명의 학생 중 100명을 뽑는 방법은 우주에 있는 원자 개수보다도 많습니다. 이 간단한 예에서 짐

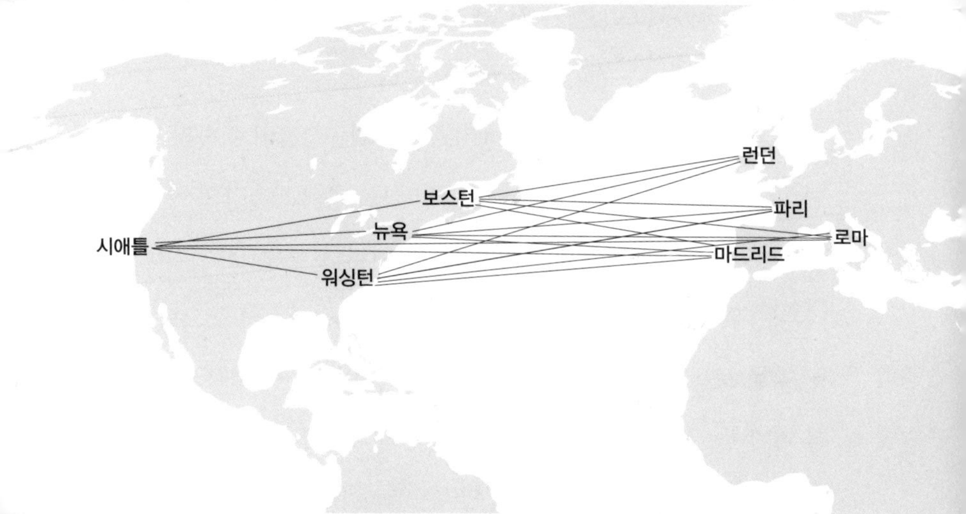

여행 중인 외판원 문제는 클레이 재단이 제시한 7개의 수학 난제 중 'P = NP 문제'와 관련된 문제이다.

작할 수 있듯, 경우의 수를 잘 이해하면 굉장히 많은 것을 할 수 있습니다. 일어날 수 있는 사건의 가짓수가 너무나 많기 때문입니다.

미국 소재 클레이 재단이 각 100만 달러를 걸고 해결을 촉구하는 7개의 문제 중에 아직도 해결이 안 된 6개의 문제가 있는데, 이 중 하나인 'P=NP 문제'와 관련된 '여행 중인 외판원 문제Traveling Salesman problem'라는 것이 있습니다. 문제 설명을 위해서 런던, 파리, 워싱턴, 시애틀, 마드리드 등 세계 각지를 돌면서 회사를 상대로 상품을 파는 한 외판원을 생각해봅시다. 노선별로 비행기 값이 제각각이라서, 파리에서 런던으로 갈 때, 런던에서 뉴욕으로 갈 때, 뉴욕에서 시애틀로 갈 때 등 가격이 모두 다릅니다. 외판원이 100개의 도시를 어떤 순서로 가느냐에 따라 비행기 값의 총합이 달라질 것입니다. 외판원의 목표는 여정을 잘 잡아서 비행기 값을 최대한 낮추는 것입니다. 이 문제가 바로 '불연속적인 최적화 문제discrete optimization problem'의 예입니다. 외판원의 여정을 함수로 그려서 미분을 활용해 풀 수 있으면 좋으련만, 이 여정은 연속함수가 아닙니다. 이 문제를 푸는 좋은 알고리즘이 있느냐 하는 것에 아직 아무도 답을 찾지 못했습니다. 여기서 좋은 알고리즘이 무엇인가를 설명하려면 조금 더 복잡해지니, 일단은 제법 빠르게 계산할 수 있는 알고리즘들을

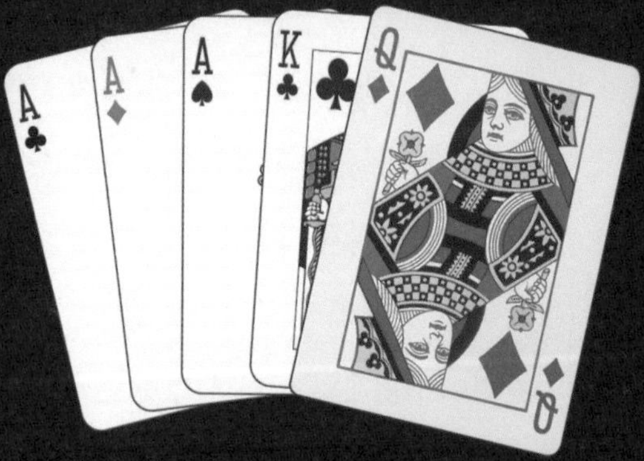

에이스 트리플.
카드 52장에서 5장을 뽑을 때 3장의 에이스가 들어갈 확률은 약 0.17%로 아주 낮다.

P−알고리즘P-algorithm이라고 부르면서 좋은 알고리즘으로 간주한다는 정도의 설명만 하고 넘어가도록 하겠습니다. 현재의 추측은 아마도 그런 좋은 알고리즘이 없을 거라는 것인데, 여러분 중 누군가가 이 P=NP 문제를 풀면 클레이 재단에서 100만 달러를 받을 수 있습니다.

다시, 52장의 카드에서 5장을 뽑을 때 그 속에 에이스 3장이 들어가는 문제로 돌아가보겠습니다. 에이스는 총 4장입니다. 먼저 4개의 에이스 중 3장을 뽑아봅시다. ${}_4C_3$, 즉 $\binom{4}{3}$은 $\frac{4!}{3!1!}$이므로, 4입니다. 그러니까 에이스 4장에서 3장을 뽑을 수 있는 경우의 수는 모두 4가지입니다. 나머지는 남은 카드 48장 중에서 2개를 뽑으면 됩니다. ${}_{48}C_2$, 즉 $\binom{48}{2}$은 $\frac{48!}{2!46!}$이니까, 1,128가지입니다. 에이스를 뽑는 경우의 수와 나머지 카드를 뽑는 경우의 수를 곱하면 되므로, 52장의 카드에서 5장을 뽑을 때 그 속에 에이스 3장이 포함되는 경우의 수는 4,512가지입니다.

이제, 카드 52장에서 5장을 뽑을 때 거기에 정확히 3장의 에이스가 들어갈 확률을 구할 수 있습니다.

표본공간 S = {가능한 모든 5장의 카드 패}

사건 E = 꺼낸 5장의 카드에서 에이스가 정확히 3장이 포함될 사건

$$|S| = {}_{52}C_5 = \binom{52}{5} = 2,598,960$$

$$|E| = {}_{4}C_3 \times {}_{48}C_2 = \binom{4}{3}\binom{48}{2} = 4,512$$

$$P(E) = \frac{|E|}{|S|} \approx 0.0017 = 0.17\%$$

포커에서 에이스 트리플이 나오는 것은 그만큼 힘듭니다. 에이스 트리플에다 운 좋게 나머지 두 장의 카드 숫자가 똑같이 나오면 에이스 풀 하우스가 됩니다. 이처럼 경우의 수를 자꾸 다뤄보면 대충 어느 정도의 확률이겠구나 하는 감이 생기게 됩니다.

조건부 확률은 영어로 'conditional probability'입니다. 조건부 확률 $P(E|F)$는 어떤 사건 F가 일어났을 때 사건 E가 일어날 확률을 의미합니다. 즉 F라는 사건이 일어났을 경우에 E도 일어날 확률을 의미합니다. 공식으로 쓰면 아래와 같습니다.

$$P(E|F) = \frac{P(E \cap F)}{P(F)}$$

위의 공식에서 오른쪽 분모를 왼쪽으로 넘겨보면 조건부 확률을 이해하는 데 어느 정도 도움이 될 겁니다.

$$P(F) \times P(E|F) = P(E \cap F)$$

위 식을 말로 표현하면 〈F라는 사건이 일어날 확률〉과 〈F라는 사건이 일어났을 때 E라는 사건이 일어날 확률〉을 곱한 것은 〈F라는 사건과 E라는 사건이 둘 다 일어날 확률〉과 같다는 의미입니다. 이것은 영국의 토머스 베이즈Thomas Bayes가 증명한 것으로, 베이즈 정리Bayes' Theorem라고 합니다. 베이즈라는 이름은 통계학을 배우면 많이 접하게 되는데, 고전 통계학을 베이즈 통계학Bayesian statistics이라 부르기도 합니다.

예를 들어, 병원에서 수술을 받아 완전히 회복할 비율이 60%, 부분 회복할 비율이 30%, 사망할 비율이 10%라고 해봅시다. 환자가 수술 후 생존한 경우, 완전히 회복할 확률은 얼마일까요? 여기서 표본공간 S는 수술해서 나오는 모든 사건들이고, F는 생존하는 사건, E는 완전히 회복하는 사건입니다. 그러면 문제는 "$P(E|F)=?$"입니다.

$$P(F) = 1 - \frac{1}{10} = \frac{9}{10}$$

$$P(E \cap F) = P(E) = \frac{6}{10}$$

$$P(E|F) = \frac{P(E \cap F)}{P(F)} = \frac{2}{3} \approx 67\%$$

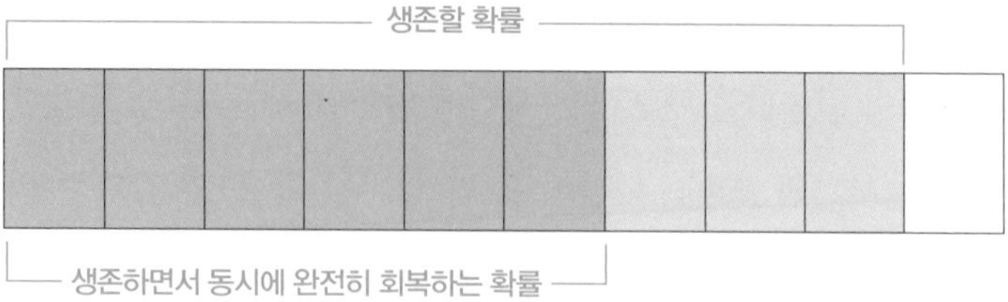

위에서처럼 생존할 때 완전히 회복할 확률은 약 67%입니다. 의미를 좀더 따져보면, 〈생존할 확률〉과 〈생존할 때 완전히 회복할 확률〉을 곱하는 것은 〈생존하면서 동시에 완전히 회복하는 확률〉과 같습니다.

위 그림에서처럼 생존할 확률은 90%이고, 생존하면서 동시에 완전히 회복하는 확률은 60%입니다. 이는 원래 완치될 확률(60%)과 똑같은데, 죽으면 완치와 상관없기 때문입니다. 생존할 확률의 여사건complement event, 즉 사망할 확률은 10%입니다.

사망하는 사건을 G라고 하면, 수술해서 나오는 모든 사건들의 확률은 다음과 같이 구할 수 있습니다.

$$P(S) = P(F \cup G) = P(F) + P(G) - P(F \cap G)$$

전체 사건은 사건 F와 사건 G의 합집합에서 사건 F와 사건 G의 교집합을 빼면 나오는데, 이 사례에서 생존하는 사건과 사망하는 사건의 교집합은 없으므로, 전체 사건은 생존하는 사건과 사망하는 사건을 순수하게 합치기만 하면 됩니다.

$$P(S) = P(F \cup G) = P(F) + P(G)$$

그러므로 '생존할 때 완전히 회복할 확률'은 사망할 확률과는 아무런 상관이 없으며, 표본공간은 S에서 F로 축소된다는 것을 알 수 있습니다.

정수와 잉여류 연산

$\mathbb{Z}_n$이라는 것은 1, 2, 3, ⋯, $n-1$까지 포함되는 정수의 집합집합입니다. 잉여류란 영어로 'remainder class', 즉 '나머지 류'를 뜻합니다.

$$\mathbb{Z}_n = \{1, 2, \cdots, n-1\} = \{n\text{으로 나누어 남는 나머지들}\}$$

↑

모듈러 연산 modular arithmetic

$\mathbb{Z}_n$을 왜 잉여류라고 말할까요? 왜냐하면 n으로 나눈 나머지들의 모임이기 때문입니다. 임의의 정수를 n으로 나누면 나머지가 위의 집합에 속한 원소 가운데 하나일 겁니다. 신기한 것은 이런 나머지로 이루어진 집합도 연산이 가능합니다. 덧셈, 뺄셈, 곱셈, 나눗셈을 할 수 있다는 얘기입니다. 먼저 $\mathbb{Z}_3$을 한 번 볼까요? $\mathbb{Z}_3$은 사칙연산을 할 수 있는 집합입니다. 다시 말해, 이 집합에 속하는 원소들을 사칙연산해서 3으로 나누었을 때 남는 나머지들도 여전히 이 집합에 속합니다. 예를 들어, $\mathbb{Z}_3$의 원소인 1과 2를 더하면 3이 나오는데, 이것을 3으로 나누면 나머지가 0이 되어 $\mathbb{Z}_3$에 속합니다. 이런 식의 잉여류 연산을 모듈러 연산이라고 하고, 연산식은 예컨대 $1+2=0$과 같이 나타냅니다. 3에 관한 나머지 집합인 $\mathbb{Z}_3$에서는 $0+1=1$, $1+1=2$, $2\times1=2$, $2\times2=1$ 등의 모듈러 연산이 가능합니다. 코딩 이론은 대부분 $\mathbb{Z}_2$, 0과 1로 이루어진 집합과 관련이 있습니다. $\mathbb{Z}_2$에서 모듈러 연산하면 $1+1=0$, $1+0=1$입니다. 놀랍게도 $\mathbb{Z}_2$, $\mathbb{Z}_3$처럼 n이 소수이면, 실수나 유리수, 복소수처럼 $\mathbb{Z}_n$에서도 사칙연산이 가능해집니다.

$\mathbb{Z}_5$의 경우를 봅시다. $\mathbb{Z}_5=\{0, 1, 2, 3, 4\}$에서 $2\times3=1$이므로, 곱셈에 관한 2의 역수는 3입니다. 2와 곱했을 때 1이 나오는 수(2의 역수)는 3이라는 얘기인데, 수식으로는 $2^{-1}=3$이라고 씁니다. 여기에서 2^{-1}은 2의 역수라는 의미이지 분수인 $\frac{1}{2}$과는

Math Tip

수학에서는 $\mathbb{N}$, $\mathbb{Z}$, $\mathbb{Q}$, $\mathbb{R}$, $\mathbb{C}$라는 기호를 쓰는데, 이들 기호는 수학에서는 특별한 의미를 갖는 특정 기호로서 다른 용도에 사용하면 안 되는 '예약된 기호reserved notations'이다. 여기서 $\mathbb{N}$은 자연수natural number의 집합, $\mathbb{Z}$는 정수integer의 집합, $\mathbb{Q}$는 유리수rational number의 집합, $\mathbb{R}$은 실수real number의 집합, $\mathbb{C}$는 복소수complex number의 집합이다. $\mathbb{N}$, $\mathbb{R}$, $\mathbb{C}$는 왜 이들 약자가 사용되었는지를 짐작할 수 있다. 그런데 $\mathbb{Z}$와 $\mathbb{Q}$는 궁금증을 일으킨다. 과거에 수학자들은 정수에 대한 이론을 가장 아름다운 학문, '수학의 여왕Queen of mathematics'이라고 생각했다. 정수는 양의 정수와 0, 음의 정수로 구성된다. 수학자들은 더 이상 여기에 넣을 것도 뺄 것도 없다고 생각했다. 정수는 영어로 'integer'인데 'integ-'는 완벽을 뜻하는 접두어다. 성경에 "처음이자 마지막"을 나타낼 때 "알파 α와 오메가 ω"를 언급하는 것처럼, 정수의 완벽함을 강조하기 위해 영어의 마지막 글자인 $\mathbb{Z}$를 정수의 약자로 사용하게 되었다. 유리수의 $\mathbb{Q}$는 정수들의 비율이라는 의미의 'the set of quotients'에서 $\mathbb{Q}$라는 약자가 사용되었다.

아무 관련이 없음에 주의하세요. 집합 $\mathbb{Z}_5$에서의 연산은 모두 집합 안에 들어 있는 것들만 가지고 해야 하니까, 분수가 나올 수 없지요.

$\mathbb{Z}_6$의 경우는 어떨까요? $\mathbb{Z}_6$은 원소가 0, 1, 2, 3, 4, 5인 나머지 집합입니다. $\mathbb{Z}_6$에서 $2 \times 2 = 4$, $4 \times 5 = 2$, $2 + 2 = 4$, $3 + 3 = 0$입니다. 그런데 n이 소수가 아닌 $\mathbb{Z}_6$은 문제가 많은 집합입니

한 걸음 더

정수에서 방정식을 풀기 어려운 까닭은?

수학자들의 시각에서 보면 사칙연산이 되는 것은 축복이다. 사칙연산이 되면 일단 많은 것이 쉬워진다. 그런데 정수로 된 집합($\mathbb{Z}$)은 나눗셈이 안 되기 때문에 사칙연산을 제대로 할 수 없다. 즉 사칙연산이 모두 되는 집합을 부르는 용어인 체가 아니다. 그래서 $\mathbb{Z}$ 안에서 방정식을 풀기란 굉장히 어렵다. 예를 들어 페르마의 마지막 정리를 보자.

$x^n + y^n = z^n$

n이 3 이상의 정수일 때, 이 방정식을 만족하는 정수해 x, y, z는 존재하지 않는다.

피에르 드 페르마

이 정리는 미지수가 3개인 방정식에 정수해가 있느냐 없느냐를 증명하는 문제에서 출발했다. $\mathbb{Z}$ 안에서 방정식을 풀어야 하기 때문에 아주 까다로운 문제였다. 피에르 드 페르마**Pierre de Fermat**가 노트 귀퉁이에 정리를 적어 놓고 앤드루 와일즈**Andrew Wiles**가 이 문제를 증명하기까지 약 350여 년이 걸렸다. 이 문제를 푸는 데 오랜 시간이 걸렸던 까닭은 나눗셈이 안 되는 $\mathbb{Z}$ 안에서 방정식을 풀려고 했기 때문이다. 겉보기엔 복소수가 훨씬 어려워 보이고, 초등학교 때 누구나 다 배우는 정수가 쉬워 보이지만 실제로는 전혀 그렇지 않다. 예컨대 정수에서는 $a \times x = b$를 풀 때에도, 유리수 집합에서처럼 a에 역수가 있다고 가정해서 푸는 방식으로는 풀 수가 없다. 정수의 집합에서 $3x = 5$는 근이 없다. 일차방정식도 해가 있는 경우가 있고, 없는 경우도 있다.

사칙연산이 안 되기 때문이다.
정수 상에서 방정식을 푸는 문제를 학계에서는 디오판토스Diophantos의 문제라고 한다. 페르마의 마지막 정리도 디오판토스의 문제 가운데 하나이다. 디오판토스의 문제는 다항식 문제에서 정수해가 있느냐, 없느냐를 따진다. 사칙연산이 안 되므로 대부분 어려운 문제들이다.
가령 $x^3 + y^3 = z^3$이라는 다항식은 복소수 상에서 해가 있다. 대수학의 기본정리에 따르면, 1변수 n차 다항식은 반드시 복소수 상에서 근이 n개가 있다. 그러나 이 해가 정수 상에서는 있는지 없는지와 같은 문제로 넘어가면 어려워진다.

다. 예컨대 $\mathbb{Z}_6$에서 2×3을 모듈러 연산해보면 0이 나옵니다. 0이 아닌 두 자연수를 곱했는데 0이 된 겁니다. 유리수 등과 같은 집합에서 0이 아닌 수를 곱해서 0이 되는 수는 없습니다. 방정식 $a \times x = b$일 때, a가 0이 아니면 $x = a^{-1}b$입니다. 이건 0이 아닌 수끼리 곱하면 절대 0이 안 된다는 것을 가정하고 푼 겁니다. 그런데 $\mathbb{Z}_6$에서는 $2 \times 3 = 0$에서처럼 0이 아닌 수끼리 곱해서 0이 나오며, 3의 역원이나 2의 역원은 존재하지 않게 됩니다.

좀더 자세하게 $\mathbb{Z}_6$에서 사칙연산이 가능하지 않다는 것을 귀류법Proof by contradiction을 사용해서, 즉 사칙연산이 가능하면 모순이라는 사실을 증명해보겠습니다. 사칙연산이 가능하다는 말은 더하기, 빼기, 곱하기, 나누기가 다 된다는 것을 의미합니다. 이

것은 연산하면 그 연산의 결과가 집합 내에 있어야 한다는 것을 뜻합니다. 또한 사칙연산이 가능하면 0이 아닌 모든 숫자에 역원이 있어야 하며, 덧셈과 곱셈에 대한 교환법칙과 결합법칙 등이 모두 성립해야 합니다.

그러면 귀류법을 사용해서 $\mathbb{Z}_6$에서 $2 \times 3 = 0$이 모순이 됨을 증명해봅시다. 만약 사칙연산이 가능하면 2^{-1}이 $\mathbb{Z}_6$안에 존재하므로, 양변에 2^{-1}을 곱해도 등식은 성립합니다.

$$2 \times 3 = 0 \Rightarrow 2^{-1} \times (2 \times 3) = 2^{-1} \times 0 = 0$$
$$\Rightarrow (2^{-1} \times 2) \times 3 = 0 \Rightarrow 3 = 0 \Rightarrow \text{모순!}$$

덧셈과 곱셈에 대한 교환법칙과 결합법칙을 따르면, 2^{-1}와 2를 곱하면 1이므로 3이 0이라는 모순된 결과를 낳게 됩니다. 모순이 생겼으므로 사칙연산이 가능하다는 가정이 잘못된 것입니다. 다시 말해, $\mathbb{Z}_6$에서 사칙연산이 가능하다고 하면 모순이 생기므로, 사칙연산은 불가능하다는 사실이 증명됩니다.

연산이 된다는 의미는 그 집합 안에 연산의 결과가 들어 있다는 얘기입니다. 이는 그 집합이 "연산에 관해서 닫혀 있다"는 것을 의미합니다. 가령 자연수는 덧셈과 곱셈에 관해 닫혀 있지만, 뺄셈과 나눗셈에 관해서는 닫혀 있지 않습니다. 수학에서는 덧셈, 뺄셈, 곱셈, 나눗셈 등 사칙연산이 모두 되는 집합을 '체 field'라고 합니다. 유리수, 실수, 복소수는 체이지만, 자연수와 정수는 체가 아닙니다. 정수는 나눗셈에 관해서 닫혀 있지 않습니다. 유리수, 실수, 복소수는 무한 집합으로, 모두 무한체 infinite field입니다.

그런데 $\mathbb{Z}_3$이라는 집합은 정수로 이루어졌는데도 체가 됩니다. 정수가 체가 아니기 때문에, 정수의 부분집합 같은 $\mathbb{Z}_3$도 체가 아닐 것이라 생각할 수 있지만, 놀랍게도 체가 됩니다. 이것은 연산이 달라서 그렇습니다. $\mathbb{Z}_3$은 덧셈, 뺄셈, 곱셈, 나눗셈의 사칙연산이 모두 됩니다. 사칙연산이 가능하면 0이 아닌 모든 원소에 역원이 있어야 합니다. 예컨대 $\mathbb{Z}_3$에서 2의 역수를 구해보면, $2\times2=1$이므로 2^{-1}은 $\frac{1}{2}$이 아니라 2가 됩니다. 여기서 다음과 같은 정리를 끌어낼 수 있습니다.

p가 소수일 때, 유한 집합인 $\mathbb{Z}_p$는 유한체 finite field이다.

유리수, 실수, 복소수로 이루어진 집합이 무한체인 것과 달리, $\mathbb{Z}_2$, $\mathbb{Z}_3$ 같은 $\mathbb{Z}_p$는 유한체입니다. 그리고 유리수($\mathbb{Q}$), 실수($\mathbb{R}$), 복소수($\mathbb{C}$)가 사칙연산이 되어서 방정식을 풀 수 있는 것처럼, 사칙연산이 되는 $\mathbb{Z}_p$를 가지고도 방정식을 풀 수 있습니다.

만약 p가 소수가 아니라 합성수이면, $\mathbb{Z}_6$에서처럼 $a \times b$가 0이 되는 수가 생기고, 사칙연산이 되려면 모든 0이 아닌 수는 역수가 있어야 하는데 역수가 절대 있을 수 없다는 모순이 생기므로, 다시 한 번 p가 소수여야만 $\mathbb{Z}_p$가 사칙연산에 관해서 닫혀 있을 수 있음을 확인할 수 있습니다.

코딩 이론에서 전송하고 싶은 메시지를 코드화하는 데 유용한 기호들의 집합을 알파벳alphabet이라고 하고, 이때 어떤 알파벳 안에 모두 k개의 기호가 있다고 해봅시다. k개로 이루어진 알파벳에서 m개의 기호를 뽑으면 길이가 m짜리인 문자열string을 만들 수 있습니다.

알파벳 $S=\{S_1, \cdots, S_k\}$의 원소들을 중복을 허락하여 나열한 순열을 S상에서의 단어 또는 스트링이라고 한다. 길이가 k인 알파벳을 사용했는데, 이러한 단어를 k−ary 단어라고 한다. S는 크기가 $k > 1$인 알파벳이고, T_m은 길이가 m짜리인 단어들이고, S_m은 길이가 m 이하인 모든 단어들이라고 하면, 아래의 식이 성립한다.

$$|T_m| = k^m$$

$$|S_m| = k^1 + \cdots + k^m = \frac{k(k^m-1)}{k-1}$$

$|T_m|$이라는 것은 길이가 m짜리인 단어들의 모임인데, 이런 단어들은 모두 몇 개가 있을까요? m짜리 단어라면, 첫 번째 올 수 있는 단어가 k개이고, 겹쳐도 되니까 두 번째, 세 번째, m번째 올 수 있는 단어도 k개입니다. 그러므로 $k \times k \times k \times \cdots = k^m$개입니다.

S_m은 길이가 m 이하인 모든 단어들의 모임입니다. 길이가 m짜리인 것도 포함되고, 길이가 $(m-1)$짜리인 단어도 포함되고, 길이가 2이거나 1인 단어도 포함됩니다. 대충 생각해도 T_m보다는 훨씬 많습니다. 차례로 생각해볼까요? 길이가 1인 것은 k개입니다. 길이가 2인 것은 k^2, 길이가 3인 것은 k^3, 길이가 4인 것은 k^4, …입니다. 이건 등비수열입니다. 등비수열을 이용해서 계산하면 $|S_m| = k^1 + \cdots k^m = \frac{k(k^m-1)}{k-1}$이 나옵니다.

그럼 문제를 내보겠습니다. $\mathbb{Z}_5^{10}$에서에서 정확히 세 개의 0과 두 개의 1을 가진 문자열(스트링)은 몇 개일까요? $\mathbb{Z}_5$는 문자 기호가 다섯 개인 알파벳을 의미합니다. 즉, $\mathbb{Z}_5 = \{0, 1, 2, 3, 4\}$입니다. 이 다섯 개의 문자 기호로 길이가 10인 문자열을 만들 때, 그 문자열 가운데 0이 3개, 1이 2개인 문자열은 모두 몇 개인지를 묻는 문제입니다. 0103401342처럼, 0이 3개, 1이 2개인 문자열 말입니다. 10자리의 문자열에서 0이나 1이 어디에 있느냐는 중요하지 않습니다.

먼저 0이 들어갈 3곳의 자리를 생각해봅니다. 10곳 중 3곳에 0이 들어가는 방법은 $\binom{10}{3}$, 즉 10개 중 3개를 뽑는 방법의 수ten choose three입니다. 그 다음은 7곳 중에 1이 들어갈 2곳의 자리를 생각해보면 됩니다. 이것은 $\binom{7}{2}$입니다. 7개 중에서 2개를 뽑는 방법의 수입니다. 나머지 5곳의 자리에는 0과 1을 제외한 2, 3, 4라는 숫자를 아무 곳이나 마음대로 넣으면 되므로 3^5입니다.

$$\binom{10}{3}\binom{7}{2}3^5 = 612,360$$

다시 한 번 강조하자면, 위의 계산은 유한체로서의 $\mathbb{Z}_p$(p는 소수)이기 때문에 연산이 가능했습니다. 지금까지 확률분포, 조건부 확률, 조합, 순열, 잉여류 연산, 유한체로서의 $\mathbb{Z}_p$ 등을 다룬 것은 코딩 이론을 이해하기 위해서였습니다.

이제 맨 처음 제기했던 문제로 돌아가보겠습니다. 전송되는 정보에 오류가 생길 가능성이 많을 때, 사진 데이터를 어떻게 보내야 하는 것일까요? 특히 태양 자기장과 오존층으로 정보 교란이 일어나는 우주에서 어떤 식으로 정보를 보내야 지구에서 오류를 알아낼 수 있을 뿐만 아니라 교정까지 할 수 있을까요? 이 문제는 역사상 최초로 로켓과 우주선을 지구 밖으로 쏘아 올릴 때 당시 공학자들의 골머리를 앓게 한 문제였습니다. 수학자들은 이걸 어떻게 해결했을까요? 앞서 얘기했듯이 0과 1로 된 문자열은 유한체인 $\mathbb{Z}_2$입니다. 사칙연산이 됩니다. $\mathbb{Z}_2$가 사칙연산이 되므로, 이것으로 행렬도 만들 수 있고, 선형대수도 할 수 있고, 방정식도 풀 수 있습니다. 그러니까 수학자들이 만들어놓은 대부분의 이론을 여기에 활용할 수 있었습니다. 물론 전송된 메시지의 오류도 찾고, 교정도 할 수 있었습니다.

간단한 인코딩 방식

이제 본론으로 들어가보도록 하겠습니다. 코드code란 어떤 알파벳상에서의 단어들(스트링들)의 집합입니다. 메시지를 코드화 또는 부호화encode하기 위해 사용합니다. 단어라는 건 알파벳 철자를 임의로 늘어놓은 것, 즉 중복순열입니다. 중복해도 되지만 순서가 중요합니다. 단어는 'word'라고도 하고 'string(문자열)'이라고도 합니다. 주어진 알파벳을 갖고 중복을 허락하면서 늘어놓은 순열이 바로 단어입니다. 그런데 abc나 ababab처럼 알파벳을 제멋대로 늘어놓은 것을 모두 단어라고 할까요? 단어이긴 하지만 사전에 나오지 않은 것들일 뿐입니다. 그래서 사전에 나오는 단어는 사람들이 쓰기로 약속한 단어들인데, 모든 단어들의 부분집합이라고 할 수 있습니다. 특정 사전을 미리 정해둔 상태에서, 그 사전에 나오는 단어들의 모임을 코드라고 합니다. 물론 가능한 모든 단어들 중의 일부입니다. 코드에 나오는 단어를 코드어 또는 부호어code word라고 하는데, 코드어는 우리가 사용하기로 약속한 사전에 나오는 단어들을 말하는 것이죠. 이 사전은 아주 많은 단어를 가진 두꺼운 사전일수도 있고, 몇 개의 단어만 가진 얇은 것일 수도 있습니다.

예를 들어, C={0, 10, 110, 1110}이라는 메시지 집합은 이진 코드binary code, 즉 이진수를 써서 만든 코드 집합입니다. 그러면 이진수로 만들 수 있는 4비트 코드, 곧 길이가 1~4인 이진법 단어들의 모임은 모두 몇 개일까요? 한 자릿수는 2개, 두 자릿수는 2^2, 세 자릿수는 2^3, 네 자릿수는 2^4이므로, 총 30(=2+4+8+16)개입니다.

메시지 집합 {a, b, c, d}를 코드화해봅시다. 여러분은 우주에서 지금 상대방에게 {a, b, c, d}라는 메시지만 보내면 됩니다. 숫자는 0과 1로만 바꿀 수가 있습니다. 0과 1로 바꾸면, 전기 신호를 안 보낼 때는 0, 전기 신호를 보낼 때는 1입니다. a, b, c, d라는 것을 전기로 어떻게 표현할 수가 없으니 0과 1로 바꿔야 합니다. 이렇게 a, b, c, d를 0과 1로 된 문자열로 바꾸는 것을 인코딩encoding이라고 하며, 이렇게 일대일대응을 시키는 것을 인코딩 함수라고 합니다. 즉 메시지 집합 {a, b, c, d}를 인코딩 함수로 만드는 것입니다. 어떤 이들은 a, b, c, d, 이렇게 네 개이므로 2비트로 보내면 가장 간단하다고 생각할 것입니다. a는 00, b는 01, c는 10, d는 11 하는 식으로 말입니다. 그런데 이렇게 보내면 중간에 오류가 나도 탐지되지도 않고, 교정하기도 어렵습니다. 그래서 중간에 잘못되어도 오류를 찾아낼 수 있고 교정까지 할 수 있는 방식으로 인코딩해서 메시지를 보내야 할 것입니다. 만약 4비트로, 즉 a는 0000, b는 1010, c는 0101, d는 1111로 보낸다고 하면, 웬만해서는 오류를 찾을 수도 있고 교정할 수도 있습니다. 그러나 이렇게 하면 전송시간이 많이 걸립니다. 그런데도 2비트짜리 정해진 길이의 블록코드block code가 아니라 다른 코드를 쓰려고 하는 것은 전송하는 데 시간이 더 걸리더라도 오류를 알아차릴 수 있는 게 더 낫기 때문입니다.

그러면 a를 0, b를 10, c를 110, d를 1110으로 보냈다고 합시다.

a → 0

b → 10

c → 110

d → 1110

보내는 사람은 0과 1로 된 수열, 이진 코드로 된 문자열을 보내는 것이고, 받는 사람은 문자열을 보고 인코딩 함수를 역으로 써서 보낸 사람의 메시지를 해독하게 됩니다. 위에 적어 놓은 인코딩 함수는 순간 해독이 되는 코드입니다. 이 코드는 프리픽스 프리 코드(무無접두어 코드)prefix free code, 또는 순시부호(혹은 동시부호) instantaneous code라고도 합니다. 여기서 접두어가 없다는 것은 위의 각 코드들에서 공통되는 접두어가 없다는 뜻입니다. 0, 10, 110, 1110은 모두 서로 다른 것들의 접두어가 되지 않습니다. 10만 해도, 다른 코드들에서 10이 접두어로 들어가는 코드를 찾을 수 없습니다. 이 코드의 장점은 해독하는 시간이 짧다는 점입니다.

이처럼 순간 해독이 되는 코드를 누가 만들었는지 몰라도 영특한 사람입니다. 예컨대, 누군가가 100110이라는 숫자를 전송받았다고 하죠. 숫자들이 하나로 다 붙어 있기 때문에 어디부터 어디까지가 하나의 기호인지 찾아야 되는데, 이 코드는 앞부분을 보기만 해도 금세 찾을 수 있습니다. 맨처음 숫자는 1이므로, 결코 a로 시작하지 않습니다. 그 다음에 0이 나오므로, 앞의 두 자리는 b에 대응됩니다. 그 다음에 나오는 0은 a이고, 그 다음에 나오는 숫자들 110은 c인 것을 알 수 있습니다. 즉 하나의 코드가 나오는 순간 받는 사람이 그것을 알아차릴 수 있습니다. 이 코드는 중간에 통신 오류만 안 생긴다면 해독할 수 있는 코드입니다.

그런데 만약 $C=\{0, 00, 110, 1110\}$을 이용해 a를 0, b를 00, c를 110, d를 1110이라고 인코딩해서 000110이라는 수열을 보내면 어떻게 될까요? 아마도 좀 모자라다는 소리를 듣게 될 것입니다. 받는 사람은 앞의 000이 aaa인지, ab인지, ba인지 알 수가 없기 때문입니다. 이런 것은 하나로 해독이 안 됩니다.

많이들 알고 있는 아스키 호환 부호화ASCII Compatible Encoding는 다국적 문자를 아스키ASCII 문자로 바꾸는 부호화 방식입니다. 여기서 아스키ASCII는 'American Standard Code for Information Interchange'의 약자입니다. 말 그대로 번역하자면 '정보 변환을 위한 미국 표준'입니다. 영어로 된 텍스트 파일이 있다고 할 때, 이 텍스트 파일을 부호화하는 미국 표준인 것입니다.

예컨대 여러분이 컴퓨터 화면에 a, b, c, d를 쓰려고 하고 있습니다. 모니터에는 a, b, c, d라고 입력되지만, 실제로 컴퓨터 내부에서는 0과 1로 된 정보가 오고 갑니다. 정보가 CPU에서 메모리로 전해지고, 이것이 다시 하드드라이브로 전해질 때 모두 0과 1로 보내져야 합니다. 컴퓨터 내부에서의 정보 교류도

아스키 문자표

10진법	16진법	2진법	8진법	문자	10진법	16진법	2진법	8진법	문자	10진법	16진법	2진법	8진법	문자
0	0	0	0	[NULL]	48	30	110000	60	0	96	60	1100000	140	`
1	1	1	1	[START OF HEADING]	49	31	110001	61	1	97	61	1100001	141	a
2	2	10	2	[START OF TEXT]	50	32	110010	62	2	98	62	1100010	142	b
3	3	11	3	[END OF TEXT]	51	33	110011	63	3	99	63	1100011	143	c
4	4	100	4	[END OF TRANSMISSION]	52	34	110100	64	4	100	64	1100100	144	d
5	5	101	5	[ENQUIRY]	53	35	110101	65	5	101	65	1100101	145	e
6	6	110	6	[ACKNOWLEDGE]	54	36	110110	66	6	102	66	1100110	146	f
7	7	111	7	[BELL]	55	37	110111	67	7	103	67	1100111	147	g
8	8	1000	10	[BACKSPACE]	56	38	111000	70	8	104	68	1101000	150	h
9	9	1001	11	[HORIZONTAL TAB]	57	39	111001	71	9	105	69	1101001	151	i
10	A	1010	12	[LINE FEED]	58	3A	111010	72	:	106	6A	1101010	152	j
11	B	1011	13	[VERTICAL TAB]	59	3B	111011	73	;	107	6B	1101011	153	k
12	C	1100	14	[FORM FEED]	60	3C	111100	74	<	108	6C	1101100	154	l
13	D	1101	15	[CARRIAGE RETURN]	61	3D	111101	75	=	109	6D	1101101	155	m
14	E	1110	16	[SHIFT OUT]	62	3E	111110	76	>	110	6E	1101110	156	n
15	F	1111	17	[SHIFT IN]	63	3F	111111	77	?	111	6F	1101111	157	o
16	10	10000	20	[DATA LINK ESCAPE]	64	40	1000000	100	@	112	70	1110000	160	p
17	11	10001	21	[DEVICE CONTROL 1]	65	41	1000001	101	A	113	71	1110001	161	q
18	12	10010	22	[DEVICE CONTROL 2]	66	42	1000010	102	B	114	72	1110010	162	r
19	13	10011	23	[DEVICE CONTROL 3]	67	43	1000011	103	C	115	73	1110011	163	s
20	14	10100	24	[DEVICE CONTROL 4]	68	44	1000100	104	D	116	74	1110100	164	t
21	15	10101	25	[NEGATIVE ACKNOWLEDGE]	69	45	1000101	105	E	117	75	1110101	165	u
22	16	10110	26	[SYNCHRONOUS IDLE]	70	46	1000110	106	F	118	76	1110110	166	v
23	17	10111	27	[ENG OF TRANS. BLOCK]	71	47	1000111	107	G	119	77	1110111	167	w
24	18	11000	30	[CANCEL]	72	48	1001000	110	H	120	78	1111000	170	x
25	19	11001	31	[END OF MEDIUM]	73	49	1001001	111	I	121	79	1111001	171	y
26	1A	11010	32	[SUBSTITUTE]	74	4A	1001010	112	J	122	7A	1111010	172	z
27	1B	11011	33	[ESCAPE]	75	4B	1001011	113	K	123	7B	1111011	173	{
28	1C	11100	34	[FILE SEPARATOR]	76	4C	1001100	114	L	124	7C	1111100	174	|
29	1D	11101	35	[GROUP SEPARATOR]	77	4D	1001101	115	M	125	7D	1111101	175	}
30	1E	11110	36	[RECORD SEPARATOR]	78	4E	1001110	116	N	126	7E	1111110	176	~
31	1F	11111	37	[UNIT SEPARATOR]	79	4F	1001111	117	O	127	7F	1111111	177	[DEL]
32	20	100000	40	[SPACE]	80	50	1010000	120	P					
33	21	100001	41	!	81	51	1010001	121	Q					
34	22	100010	42	"	82	52	1010010	122	R					
35	23	100011	43	#	83	53	1010011	123	S					
36	24	100100	44	$	84	54	1010100	124	T					
37	25	100101	45	%	85	55	1010101	125	U					
38	26	100110	46	&	86	56	1010110	126	V					
39	27	100111	47	'	87	57	1010111	127	W					
40	28	101000	50	(	88	58	1011000	130	X					
41	29	101001	51	)	89	59	1011001	131	Y					
42	2A	101010	52	*	90	5A	1011010	132	Z					
43	2B	101011	53	+	91	5B	1011011	133	[					
44	2C	101100	54	,	92	5C	1011100	134	\					
45	2D	101101	55	-	93	5D	1011101	135	]					
46	2E	101110	56	.	94	5E	1011110	136	^					
47	2F	101111	57	/	95	5F	1011111	137	_					

아스키는 영어 대소문자 52개, 숫자 10개, 특수문자 33개, 제어문자 33개 등 총 128개의 문자를 2진법으로 표현한다.

일종의 통신이기 때문입니다. 화면에 Mathematics라고 쓰면 이 단어를 컴퓨터 내부에서는 0과 1로 다 변환해서 메모리, CPU, 하드를 왔다갔다합니다. CD에 정보를 저장할 때, DVD에 정보를 저장할 때 등 온갖 곳이 0과 1로만 된 정보를 허용합니다.

아스키 호환 부호화는 A를 1000001로, B를 1000010으로 바꾸는 것처럼 7비트를 사용해서 2^7, 즉 128개의 문자 조합(영어 대소문자 52개+숫자 10개+특수문자 33개+제어문자 33개=128개)을 2진법으로 표현합니다.

아스키 호환 부호화처럼 부호화가 특정 길이의 블록 단위로 이루어진 코드를 블록코드라고 합니다. 코드 길이가 고정된 코드입니다. 사실 오류의 가능성만 없다면 블록코드가 가장 많이 사용되었을 것입니다. 2비트 블록코드는 2개씩 끊어서 사전만 찾아보면 되니까 말입니다. 길이만 가지고도 해독을 시도할 수 있습니다. 11과 00이 궁금할 때 사전에서 대응되는 기호를 금세 찾을 수 있는 것입니다. 32비트 블록코드로 이루어진 컴퓨터라고 한다면, 32개가 오는 순간 딱 끊어서 사전을 찾아보면 됩니다. 64비트는 64개가 오는 순간 딱 끊어서 사전을 찾아보면 됩니다.

반면, 코드 길이를 바꾸는 부호화, 즉 가변길이부호화VLC, Variable Length Coding도 있있습니다. 데이터의 통계적 발생 확률을 이용하여 사용이 빈번한 코드는 짧게 하고, 사용이 드문 코드는 길게 하여 전체 데이터 양을 작게 하는 압축 부호화 방식입니다.

길이를 바꾸는 이유는 전송하는 데이터의 양을 줄일 수 있기 때문입니다. 데이터의 양이 줄면 전송속도가 더 빨라지므로, 더 효율적인 코드라고 할 수 있습니다. 그러나 블록코드와 달리 가변길이코드는 길이만 가지고서는 하나의 코드인지, 그 이상의 길이를 지닌 코드인지 알 수가 없습니다. 다만 앞에 언급한 것처럼 프리픽스 프리(무접두어)prefix-free라는 성질을 만족하게 되면, 코드가 도착하는 대로 알아차릴 수가 있습니다. 다만 블록코드를 해독할 때보다 조금 더 복잡합니다.

예를 들어보겠습니다. A라는 사람이 빼곡하게 10페이지짜리 긴 편지를 썼습니다. 그 편지를 보니 첫 페이지에 "학생들이 요즘…, 학생들이 과제를…, 학생들의 개성이…, 학생들의 점수가…" 등으로 학생이란 단어가 100번이 나왔습니다. 그 다음 페이지에는 "교수가 연구를…, 어느 교수가 학술지에…, 교수가 강의에서…" 등 교수란 단어가 75번이나 나왔습니다. 이 간단한 예에서처럼 용도에 따라 단어의 분포가 다릅니다. 빈번하게 나오는 단어도 있고 그렇지 않은 경우도 있습니다. 이 편지를 다른 사람한테 전송할 때, ㄱ, ㄴ, ㄷ 각각을 똑같은 길이의 비트로 보내면 시간이 꽤 걸릴 것입니다. 그런데 100번이나 나온 '학생'은 모두 0으로 바꾸고, 75번 나온 '교수'는 모두 1로 바꾸고, 50번 나온 '부모'는 00으로 바꾸고… 해서, 가장 적게 나오는 것은 길게 바꾼 다음에, 어떤 식으로 바꿨는지를 사전으로 만들고선 편지와 함께 사전을 보내면 어떨까요?

그러면 메시지를 받은 사람은 0은 학생, 1은 교수이구나…, 하면서 편지를 해독하게 될 겁니다. 이 메시지의 장점은 같은 길이의 코드로 된 메시지보다 훨씬 빠르게 전송된다는 점입니다.

대부분의 학생들이 컴퓨터를 다루면서 '***.zip'으로 된 확장명 파일을 본 적이 있을 겁니다. zip 파일은 대표적인 가변길이부호화 방식으로 만든 파일입니다. 파일 사이즈를 줄이기 위해 사전을 써서 바꾸는 압축 파일인 것입니다. 나중에 복원시키면 복원될 뿐 아니라 데이터 손상도 없고, 파일 사이즈도 작습니다. 이 zip 파일은 빈번도를 측정해서 확률 분포에 따라, 확률이 가장 높은 것을 짧은 단어로, 확률이 낮은 것은 긴 단어로 바꾸는 가변길이코드입니다. 이처럼 가변길이코드를 사용하면 압축이 가능합니다. 이 방식에서 걸림돌이 되는 것은 반복되는 단어가 별로 없으면 압축해봐도 별 효과가 없고, 사전을 붙이기 때문에 파일 사이즈가 더 커질 수 있다는 점입니다. 어쩌면 zip 파일로 압축해서 오히려 파일 사이즈가 늘어난 경험을 한 학생도 있을지 모르겠네요.

크라프트-맥밀런 정리

이제 코딩 이론의 기초가 되는 부등식을 한번 살펴보겠습니다. 앞 부분에서, 잘못 부호화시켜서 000이 ab인지 ba인지 알 수 없었던 예를 언급한 적이 있습니다. 아래 문제를 들여다봅시다.

문제 : $C = \{0, 1, 00, 01, 10, 11\}$는 6개의 코드워드(부호어)를 가진 가변길이의 2진수 코드이다. 이 코드는 유일하게 해독 가능한가?

6개의 부호어가 있습니다. a, b, c, d, e, f를 0, 1, 00, 01, 10, 11로 표현하는 겁니다. 만약 aba를 보내려면 010을 보내게 됩니다. 그런데 받는 사람은 처음의 0을 보고는 이게 a인지, c의 첫 부호어인지, d의 첫 부호어인지 알 수 없고, 두 번째의 1을 봐도 ab인지, d인지 알 수 없으며, 세 번째 0을 받아도 aba인지, ae인지 알 수 없습니다. 011이라는 코드를 받아도 이것이 01+1인지 0+11인지 알 수 없습니다. 즉시 해독이 안 되는 코드일 뿐 아니라, 하나로 유일하게 해독되는 것도 아닙니다. 통신회사에서 이렇게 인코딩하는 직원이 있다면 회사에 오래 다니기 힘들 겁니다.

그러면 혼동되지 않게 인코딩할 수 있는 체계적인 방식은 없을까요? 길이를 다르게 인코딩한 것들을 문제없이 해독할 수 있으려면 크라프트-맥밀런 정리Kraft-McMillans theorem를 따르면 됩니다. 인코딩이 혼동을 일으키지 않도록 하는 체계적인 정리 가운데 하나입니다.

크라프트 – 맥밀런 정리

$C = \{c_1, \cdots, c_q\}$는 주어진 n–ary 부호(즉 n개의 기호로 이루어진 알파벳 사용).

l_k = 부호어 c_k의 길이

만약 C가 유일하게 해독 가능하면decipherable, 다음의 부등식을 만족한다.

크라프트 – 맥밀런 부등식 : $\sum_{k=1}^{q} \frac{1}{n^{l_k}} \leq 1$

위에서 'n–ary'라는 것은 알파벳의 기호가 n개인 코드를 의미합니다. bi–nary는 2개, ter–nary는 3개, n–ary는 n개입니다. 이 크라프트–맥밀런 부등식을 직접 증명해보면, 참으로 감탄할 만한 정리라는 것을 알게 될 겁니다. 도전적인 학생이라면 한번 도전해보는 것도 좋습니다만, 여기서는 증명을 생략하겠습니다.

다음과 같은 코드가 있다고 해봅시다. 6개의 부호어가 있는 이진법으로 된 코드(binary 코드)인 $C = \{0, 1, 00, 01, 10, 11\}$을 생각해봅시다. 누구라도 이 코드가 혼선의 우려 없이 유일하게 해독 가능한 코드가 아니라는 것을 알 수 있을 겁니다. a가 0이고 c가 00이면, 중간의 000은 ac인지 ca인지 모릅니다. 그러니 혼선 없이 유일한 방식으로 해독되지 않습니다.

이는 크라프트-맥밀런 부등식으로 금세 파악할 수 있습니다. 즉 이 코드는 크라프트-맥밀런 부등식을 만족하지 않습니다. 어딘가에 문제가 있는 코드라는 것을 미리 알려주는 게 바로 이 정리가 지닌 마법 같은 역할입니다. $C = \{0, 1, 00, 01, 10, 11\}$에서 각 부호어의 코드 길이는 1, 1, 2, 2, 2, 2입니다. 이들 부호어를 크라프트-맥밀런 부등식에 대입해서 계산해보면 1보다 큽니다.

$$\sum_{k=1}^{q} \frac{1}{n^{l_k}} \leq 1$$

$$\frac{1}{2^1} + \frac{1}{2^1} + \frac{1}{2^2} + \frac{1}{2^2} + \frac{1}{2^2} + \frac{1}{2^2} = 2$$

즉, $C = \{0, 1, 00, 01, 10, 11\}$은 크라프트-맥밀런 부등식을 만족하지 않는 인코딩 방식인 것입니다. 그래서 누군가가 a, b, c, d를 인코딩해서 바꿔 보낸다고 한다면, 코드가 부등식을 만족하는지 아닌지 바로 계산해본 다음 좋다거나 쓸 수 없는 코드이니 다시 만들라거나 하는 얘기를 할 수 있는 것입니다.

그러면 다음과 같은 코드는 어떨까요?

$$C = \{0, 01, 011, 0111, 01111, 11111\}$$

이 코드는 프리픽스 프리 코드가 아닙니다. 01이 도착해도, 이게 코드워드인 01인지 아니면 코드워드인 0111의 일부가 먼저 도착한 것인지 구별이 안 되기 때문에 즉시 해독이 불가능합니다. 하지만 유일 해독은 가능합니다. 어떻게 그럴까요? 이 코드는 뒤에서부터 거꾸로 해독하면 유일하게 해독됩니다. 예를 들어 01101111이 도착했다고 했을 때, 이 코드를 앞쪽에서부터 해독하면 골치가 아프고 헷갈립니다. 그러나 시간이 좀 걸리지만 하나하나 따지다 보면 유일하게 해독이 됩니다. 이 코드는 뒤에서부터 해독하면 복잡하게만 보였던 코드가 굉장히 해독하기 쉬운 코드로 바뀝니다. 0이 나타나기 전까지 1개의 개수를 세면 코드워드를 알아차릴 수 있습니다.

이런 식의 암호는 누구나 만들 수 있습니다. 난수표라는 말을 들어본 적이 있을 것입니다. 난수표는 주로 간첩 혹은 스파이가 사용하는 암호로, 스파이 영화나 TV 드라마 같은 데에서 곧

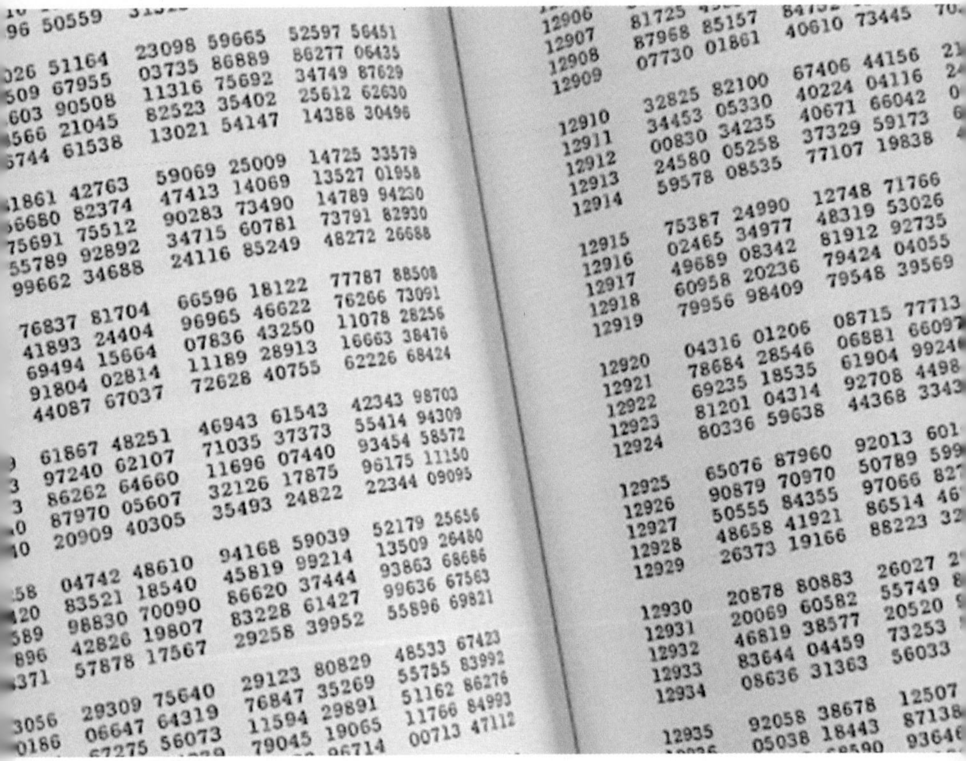

숫자들을 무작위로 뽑아 만든 난수표.
이들 수들은 무질서한 동시에 출현빈도가 같다. 암호를 만들 때 많이 사용된다.

잘 등장합니다. 영화나 드라마에서 보면 등장인물에게 밤에 라디오에서 나오는 음악은 일종의 코드이고, 책은 사전입니다. 모스 부호로 0010과 같은 신호를 보내면 그것을 사전이나 난수표에서 찾아서 신호의 의미를 파악합니다. 이때 난수표는 보내는 사람과 받는 사람이 각각 하나씩 갖고 있어야 합니다. 누군가가 하나를 없애버리면 암호화나 해독이 불가능합니다.

지금 바로 앞에서 언급한 코드는 설계할 때 뒤쪽부터 해독하면 훨씬 해독하기 쉽도록 설계한 코드입니다. 수학자들은 코드를 설계할 때 해독법까지 염두에 두고 설계합니다.

이 장의 첫머리에 우주탐사가 시작되면서 코딩 이론이 주목 받기 시작했다고 얘기했습니다. 그러면 실제로 우주에서 지구로의 사진 전송은 언제, 어느 정도의 수준으로 이뤄졌을까요? 1971년 마리너 9호가 화성 궤도에 진입해 사진을 지구로 보냈는데, 그 당시로는 경이로운 일이었습니다. 600×600, 즉 360,000픽셀로 된 사진이었고 픽셀당 6비트($2^6 = 64$개)의 그레이스케일을 사용했습니다. 사진 1장을 위해 총 2,160,000비트의 비트 수열을 전송했습니다. 이때 (32, 64, 16)-코드인 리드-뮐러 코드를 사용했으며, 이 코드로 7개의 에러를 교정했습니다.

1979년에서 1981년 사이에는 보이저호가 더 발전된 코딩 이론을 사용하여 목성과 토성의 컬러 사진을 전송했습니다. 컬러

위 1971년 무인탐사우주선 마리너 9호가 화성 궤도에 진입하여 사진을 지구로 전송했는데,
이것은 당시로서는 경이로운 일이었다.

아래 1979~1981년에는 보이저 호가 더 발전된 코딩 이론을 이용하여 목성과 토성의 컬러 사진을 전송했다.

요소당 3비트($2^3 = 8$)를 사용했으며, 픽셀당 2^{12}인 4096종의 컬러로 된 사진이었습니다. (24, 4096, 8)−코드인 골레이Golay 코드를 사용했으며, 이 코드로 3개의 에러를 교정했습니다.

오늘날 코딩 이론은 CD, 컴퓨터 모뎀, 컴퓨터 메모리 등에 필수적인 부분이 되었습니다. 또한 인터넷 시대가 열리고, 다량의 정보가 제한된 통신 채널을 이용해 교류됨에 따라, 그리고 음성 정보, 정지 영상, 동영상 등 멀티미디어 정보가 신호 압축을 필요로 함에 따라 날로 그 관심이 지대해지고 있습니다. 대표적인 신호 압축은 '사전기반 알고리즘dictionary-based algorithm'을 사용한 방식으로, 확장자명이 gz나 zip인 파일이 여기에 속합니다. 비가역 압축Lossy compression 방식도 있는데, 이는 중요하지 않은 정보를 삭제합니다. 이 과정에서 수학적 알고리즘이 사용되며, 주된 수학적 도구는 푸리에 분석Fourier analysis, 웨이브렛waveletes 등입니다. 비가역 압축 방식으로 신호를 압축하는 파일은 대표적으로 확장자명이 mpeg나 jpg인 파일입니다.

다음 장에서는 확률과 정보량과 엔트로피, 호프만 코딩 등 좀더 나가보도록 하겠습니다. 정보량이라는 것을 어떻게 측정하는지, 체계적으로 데이터를 압축하는 방법으로는 무엇이 있는지, 알고리즘이 있다면 어떤 것들이 있는지 등을 다룰 예정입니다. 이들 내용은 어려운 수학이 아니면서도, 굉장히 유용한

코딩 이론은 CD, 컴퓨터 모뎀, 컴퓨터 메모리 등에 필수적인 부분이 되었다.

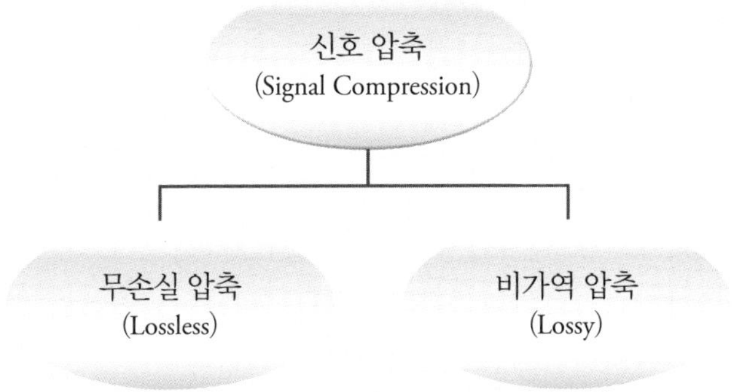

확장자명이 gif, wav인 파일은 무손실 압축 방식을 사용한 것이며, 확장자명이 mpeg, jpg인 파일은 비가역 압축 방식을 사용한 것이다.

수학이라고 할 수 있습니다. 다음 장은 이번 장과 연관되기 때문에 이 장에서 다루지 못한 것들을 좀더 보충할 생각입니다. 수학에 대한 도전 정신이 강한 학생들은 크라프트-맥밀런의 정리를 증명하는 것에 꼭 한번 도전해보기를 바랍니다.

박형주

수학자

코딩 이론 : 소통의 수학 이론 **1부**

2부 **확률의 세계와 비둘기집 원리**
: 경우의 수를 찾아라

프랙탈 : 무질서의 세상에서 건져낸 질서 **3부**

4부 **수학자와 함께하는 상상초월 토크 콘서트**

확률의 개념은 어디서나 만날 수 있다. 확률의 개념으로 미시 세계를 들여다보는 양자역학의 사례처럼, 우리는 수많은 상황에서 확률을 접하게 된다. 확률의 개념은 경우의 수를 세는 것에서 출발한다. 복잡계와 정보량 같은 전혀 다른 세계의 문제도 결국 셈의 문제로 귀착된다. 비둘기집 원리라는 간단한 명제의 다양한 응용도 살펴보고, 이 원리의 일반화도 다뤄볼 것이다.

2부

확률의 세계와 비둘기집 원리

경우의 수를 찾아라

확률을 공부하다 보면, 아주 단순하고 당연한 원리를 가지고 꽤 심각한 문제들을 풀 수 있다는 것을 알게 됩니다. 그 대표적인 예로 여기에서 소개하는 비둘기집 원리는 아주 단순해서 초등학생도 이해할 수 있는 수학 원리입니다. 비둘기집 원리, 즉 'Pigeon–Hole Principle'에서 비둘기집은 말 그대로 '비둘기가 사는 구멍'입니다. 여기서 강조하고 싶은 것은 '단순한 관찰의 힘'입니다.

자, 비둘기집이 여러 개가 있는데, 비둘기집보다 비둘기 수가 더 많다고 해봅시다. 예컨대 비둘기집은 10개인데, 비둘기는 15마리입니다. 날이 저물어 비둘기들이 집으로 들어가야 합니다. 아마도 어느 비둘기집에는 2마리 이상이 들어갈 겁니다.

정리 : 비둘기집이 여러 개 있고, 그보다 더 많은 수의 비둘기들이 비둘기집으로 들어간다면, 어느 비둘기집엔가는 반드시 2마리 이상의 비둘기가 들어가야 한다.

이건 당연합니다. 초등학생도 이해할 수 있을 만큼 정말 단순한 관찰입니다. 이 정리는 어떻게 증명해야 할까요? 사실, 너무 당연한 것을 증명하는 것이 더 힘듭니다. 두말할 필요 없이 당연하게 보이기 때문에, 증명을 어디서부터 시작해야 할지도 분명하지 않습니다. 이렇게 당연해 보이는 명제도 의심의 여지없이 증명할 수 있어야 합니다. 아주 당연한 것을 증명해보는 것은 수학적 사고력을 키우는 데 아주 효과적인 공부법 중의 하나입니다.

귀류법으로 증명하는 비둘기집 원리

비둘기집 원리와 관련된 정리는 저 유명한 귀류법으로 증명할 수 있습니다. 귀류법은 영어로 'proof by contradiction', 즉 '모순에 의한 증명법'입니다. 귀류법은, 증명하고 싶은 정리가 있을 때 "만약 정리가 사실이 아니라고 해보자"라고 가정한 다음, 이로 인해 모순이 발생한다는 것을 보여주는 방식입니다. 즉 정리가 사실이 아니라면 우리가 알고 있는 우주의 질서에 반하는 결과가 생긴다는 것입니다. 이런 모순은 절대 발생해서는 안 되므로, 처음의 가정(정리가 사실이 아니라는 가정)이 틀렸다는 결론에 다다르게 됩니다. 다시 말해 정리는 옳다는 결론에 다다르고, 우리가 원했던 증명이 이루어지게 됩니다.

귀류법으로 어떤 사실을 증명할 때에는 항상 이렇게 시작합니다. "저것이 사실이 아니라고 해보자." 비둘기집 원리를 증명하기 위해선 이렇게 가정하게 될 겁니다. "각 비둘기집에는 한 마리 이하의 비둘기만 들어가 있다고 해보자." 그런 다음에 말도 안 되는 모순이 생긴다는 것을 보이면 됩니다.

그러면 각 비둘기집에 한 마리 이하의 비둘기만 있다고 가정하면 어떻게 될까요? 비둘기집에는 어떤 때는 한 마리, 어떤 때는 그 어떤 비둘기도 안 들어가게 됩니다. 하나 또는 0, 즉 비둘기집에 들어간 비둘기를 비둘기집 개수만큼 모두 더하면, 비둘기집 개수보다 같거나 적게 됩니다. 그런데 이것은 비둘기가 비둘기집보다 많다는 애초의 전제와는 모순됩니다.

귀류법을 사용한 증명

정리 : 비둘기들이 비둘기집보다 더 많다. 그러므로 어느 비둘기집엔가는 반드시 2마리 이상의 비둘기가 들어가야 한다.

가정 : 각 비둘기집에 한 마리 이하의 비둘기만 들어간다고 해보자.

비둘기집에 들어간 비둘기의 마릿수 ≤ 비둘기집의 개수

결론 : 가정이 사실(비둘기들이 비둘기집보다 더 많다)과 모순되므로, 정리가 옳다.

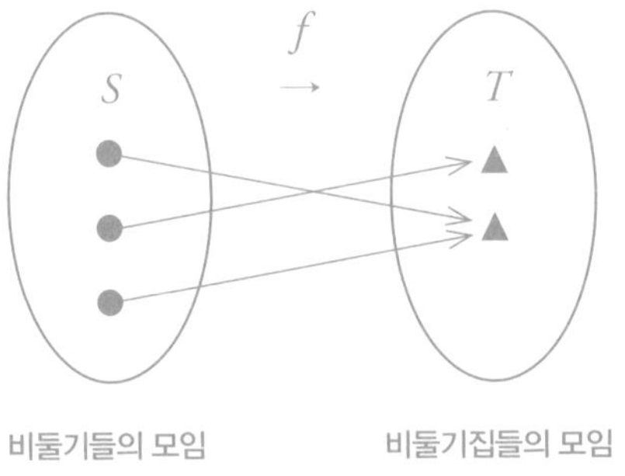

$f^{-1}(b)$ = {비둘기집 b에 배정된 비둘기들} > 1

* 역함수란 어떤 함수가 있을 때 그 함수의 결과값을 넘으면 원래의 입력값이 나오는 함수이다. $y=f(x)$의 역함수는 $f^{-1}(y)=x$로 표기할 수 있다.

위 증명 과정을 보고 너무나 당연한 것을 왜 저렇게 복잡하게 빙빙 돌려서 증명하는지 이상하다고 생각할 수도 있습니다만, 위의 증명이 누구나 동의할 수 있는 논리로 이루어진 것은 분명합니다.

또 다른 예로, "13명의 사람이 있다면, 적어도 두 명은 같은 달에 생일을 맞는다."라는 주장을 살펴봅시다. 1년에 모두 12개월이 있으니, 13명의 사람을 비둘기로 보고 12개월을 비둘기집으로 보면, 어느 비둘기집에는 두 마리 이상의 비둘기가 들어가는 것처럼, 적어도 두 사람은 같은 생월일 겁니다. 너무 당연하지만 이게 바로 증명입니다. 한 번 비둘기집 원리를 증명해놓으면, 그 다음부터는 항상 '비둘기집 원리에 의하여'를 이용하여 증명할 수 있습니다. 수학자들은 당연한 것도 증명합니다. 그러면 다음과 같은 주장은 어떨까요?

> 100만 개 이상의 머리카락을 가진 사람은 없다고 가정하자. 보통 사람의 머리카락 수는 15만 개 정도이다. 그렇다면 서울시에는 같은 수의 머리카락을 가진 사람이 반드시 두 명 이상 있다.

생물학적으로 100만 개 이상의 머리카락을 갖는 사람은 거의 없다고 합니다. 그래서 그건 아예 없다고 가정합시다. 평균적으로 사람의 머리카락 수는 15만 개 정도입니다. 서울시 인구가 1000만 명 정도라고 할 때, 그중 머리카락 수가 정확히 똑같은 사람이 두 명은 있을까요? 서울시에 적어도 두 명은 있습니다. 물론 내 머리카락 수와 같은 사람은 없을지도 모릅니다. 하지만 서울시에서 그 누군가 두 명은 머리카락 수가 똑같습니다.

이것도 마찬가지로 비둘기집 원리로 증명할 수 있습니다. 머리카락이 없는 사람도 있으므로, 가능한 머리카락 수는 0~100만 개이고, 서울시에 거주하는 사람은 1000만 명이라고 해봅시다.

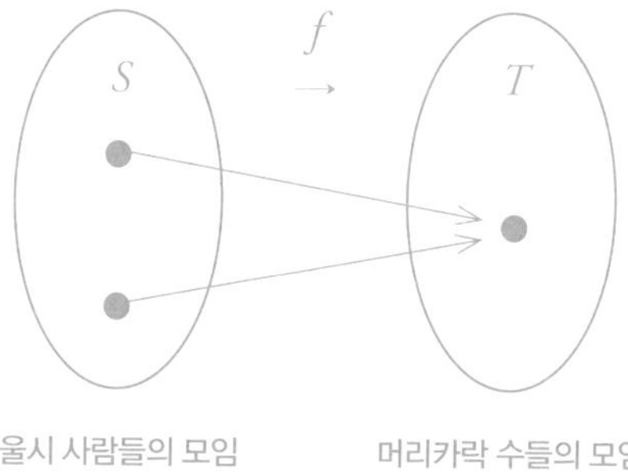

왼쪽의 집합에 포함된 사람들(즉 비둘기들)이, 오른쪽 집합의 어느 머리카락 수(즉 비둘기집)와 꼭 연결된다고 한다면, 누군가 둘 이상은 같은 머리카락 수와 연결될 것입니다.

지금까지 아주 단순한 원리를 살펴보았습니다. 이 당연한 원리를 가지고 더 재미있는 일을 할 수 있습니다. 다시 한 번 강조하고 싶은 것은 '단순한 관찰이 갖는 힘'입니다.

비둘기집 원리를 보면, 처음엔 아주 당연한 예에서 출발했는데, 예들을 확장해 나가다 보면 조금씩 긴가민가해집니다. 그래서 '이게 맞을까' 하는 마음에 따져보면 비둘기집 원리와 같다는 것을 알게 됩니다. 이는 일반화를 시도하는 수학에 늘 나타나는 현상입니다. 단순한 것에서부터 시작하지만 점점 복잡해지면서 어려워집니다. 이제 좀더 난도를 높여 구체적인 숫자가 아니라 기호를 사용해보겠습니다.

일반화

비둘기 m마리가 n개의 비둘기집으로 들어가려고 한다. 이때, $m > r \cdot n$을 만족한다. 그러면 어느 비둘기집에는 반드시 r마리보다 더 많은 수의 비둘기가 들어가야 한다.

위의 정리는 숫자가 아니라 기호를 대입해 일반화한 정리입니다. 이 정리는 어떻게 증명해야 할까요? 비둘기 수가 비둘기집 수의 r배보다 더 많은 상황입니다. 이 정리는 귀류법을 써서 증명할 수 있습니다. 모든 비둘기집에 r마리 이하의 비둘기가 들어간다고 가정해보면, 모든 집에 r마리씩 들어간다고 할 때 비둘기 수는 rn이므로, 이는 "$m > r \cdot n$을 만족한다"는 사실과 모순됩니다. 그러면 이제 수학 용어를 써서 비둘기집 원리에 접근해보도록 하겠습니다.

유한집합 S와 T가 있고, 그 사이에 함수 $f: S \rightarrow T$가 있다. 만약 S와 T가 $|S| > r \cdot |T|$를 만족하면, $|f^{-1}(b)| > r$이 성립하는 $b \in T$가 반드시 존재한다.

갑자기 집합과 함수 기호가 나와서 깜짝 놀랐나요? 그러나 가만히 보면 비둘기와 비둘기집을 놓고 한 얘기와 똑같은 얘기입니다. 수학 용어로 다시 표현한 것일 뿐입니다. 비둘기들의 모임을 S로 생각하고, 비둘기집의 집합을 T로 생각하면 됩니다. S 안에 있는 하나의 원소가 비둘기입니다. 둘 다 유한집합입니다. 비둘기집 원리의 비유에서 보면, 함수 f는 무엇일까요? 그 함수는 세 번째 비둘기가 일곱 번째 비둘기집으로 가고, 네 번째 비둘기가 첫 번째 비둘기집으로 가는 것과 같이, 어느 한 비둘기를 비둘기집에다 배정하는 함수일 것입니다. $|S|$은 비둘기들의 숫자이고, $|T|$은 비둘기집의 숫자입니다. 그러면 b는 무엇일까요? 여기서 b는 T에 포함된 어느 특정 비둘기집을 말하며, 이때 $f^{-1}(b)$은 다음과 같습니다.

$f^{-1}(b) = \{$비둘기집 b에 배정된 비둘기들$\}$

S와 T가 $|S| > r \cdot |T|$를 만족한다는 의미는 어느 비둘기집엔가는 비둘기가 r마리보다 더 들어간다는 뜻입니다. 이 말은 비둘기가 r마리 이상인 비둘기집 b가 적어도 하나는 있다는 것을 뜻합니다. 단지 기호로 표현되었을 뿐 일반화를 언급할 때 했던 비둘기집 이야기를 그대로 반복한 것입니다. 위와 같은 내용의 수학 기호를 보면 '비둘기집 원리를 말하는구나' 하고 생각하면 됩니다. '수학자들이 기호를 안 쓰고, 비둘기와 비둘기집처럼 쉬운 말을 쓰면 좋겠다'라고 생각할 수도 있겠지만, 수학자들이 이렇게 기호를 쓰는 데에는 다 이유가 있습니다. 세상에는 비둘기와 비둘기집과는 관계가 없지만 거의 비슷한 상황들이 굉장히 많습니다. 이렇게 수학 용어로 표시해두면, 이것을 다른 문제들에까지도 적용할 수 있습니다. 단순하게 비둘기나 비둘기집으로 표현해두면 다른 곳에 두루 적용하기가 쉽지 않습니다.

비둘기집 원리 응용

이제 문제를 하나 내보겠습니다. 이 문제는 비둘기집 원리를 기초로 해서 해결할 수 있습니다. 너무나 쉽고 당연한 것처럼 보이는 비둘기집 원리는 난도가 꽤 높은 수준의 문제와도 연관될 수 있으며, 이 원리를 이용하여 전혀 당연하지 않은 문제들을 풀 수가 있습니다.

문제 : 집합 {1, 2, ⋯, 50}에서 10개의 서로 다른 수를 골라서 만든 집합 A가 있다. B_1과 B_2는 A의 서로 다른 부분집합인데, $|B_1|=|B_2|=5$, 즉 각각의 원소가 5개이다. B_1의 원소를 모두 합한 값과 B_2의 원소를 모두 합한 값이 같도록 B_1, B_2를 고르고자 한다. 이것이 항상 가능함을 보여라.

먼저 여기서, B_1과 B_2가 A의 서로 다른 부분집합이라는 말은 무슨 뜻일까요? 1부터 50까지의 자연수가 포함된 집합에서 서로 다른 숫자 10개로 집합 A를 만든다고 했을 때, 그 숫자 10개 중에서 5개를 모아서 각각 집합 B_1과 B_2를 만든다는 것입니다.

이 문제는 1부터 50까지의 숫자에서 10개를 뽑고, 그 10개 중 5개의 숫자로 두 개의 부분집합 B_1과 B_2를 만든다고 할 때, 각 원소들을 합한 값이 같은 B_1과 B_2가 있다는 것을 증명하라는 문제입니다. 다시 말해 각 원소들끼리의 합이 같은 부분집합 B_1과 B_2를 항상 고를 수 있다는 것을 증명하라는 것입니다. 언뜻

보면 전혀 당연하지 않습니다. 해결의 열쇠는 이 문제가 비둘기집 원리 문제로 귀결된다는 사실입니다.

어떻게 풀어야 할까요? A에 속한 원소 10개 중 5개를 고르는 방법은 많습니다. 처음의 숫자 5개를 고르는 방식도 있고, 규칙 없이 고르는 방식도 있고, 뒤의 숫자 5개를 고르는 방식도 있을 것입니다. 10개의 원소를 지닌 집합 A에서 원소 5개를 골라내는 조합은 ${}_{10}C_5$입니다. 순서는 따지지 않고, 총 10개 중에서 5개를 중복 없이 고르는 방법의 개수를 말합니다. 집합 A에서 원소의 개수가 5개인 부분집합을 모두 모아 놓은 집합을 S라고 하면, S의 원소의 개수는 다음과 같이 구할 수 있습니다.

$$|S| = {}_{10}C_5 = \binom{10}{5} = \frac{10!}{5!5!} = 252$$

그러니까 10개의 숫자가 있는데, 그중 5개를 골라내는 방법이 252가지라는 뜻입니다.

여기서 증명하고 싶은 것은, 이렇게 골라낸 5개의 숫자들의 합이 같은 두 개의 부분집합이 반드시 있다는 사실입니다. 이것을 비둘기집 원리를 이용해 풀려면, 함수 문제로 바꿔야 합니다. 비둘기를 비둘기집에 (혹은 비둘기들의 모임을 비둘기집의 모임에) 배정하는 문제로 말입니다. 이 함수는 정의역이 비둘기들의 모

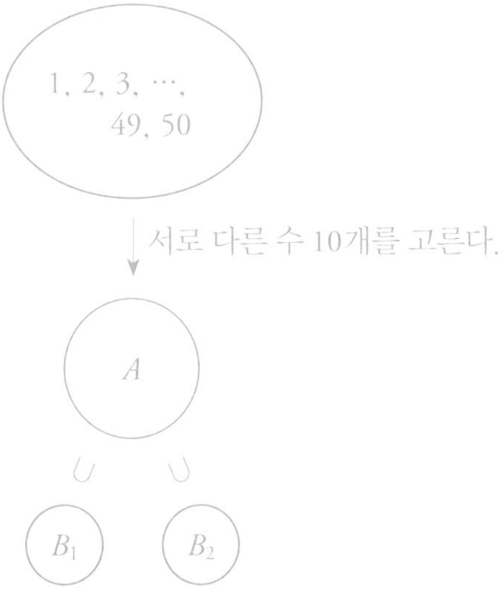

임이고, 공역이 비둘기집들의 모임인 함수입니다. 그것을 기호로 표현하면 아래와 같습니다. $\mathbb{N}$은 자연수입니다.

$f(B)$ = B의 원소들의 합으로 정의된 함수

$f : S \to \mathbb{N}$

함수 $f(B)$는 10개의 숫자 가운데 아무거나 5개를 골라서 만든 부분집합 B의 각 원소들을 합한 값입니다. 우리는 여기서 가장 작은 값과 가장 큰 값을 찾아낼 수 있습니다.

$$f(B) \ge 1+2+3+4+5=15$$

$$f(B) \le 50+49+48+47+46=240$$

함수 $f: S \to T = \{15, 16, \cdots, 240\}$

*B*의 원소들의 합은 집합의 원소가 1, 2, 3, 4, 5일 때(합이 15일 때)가 가장 작고, 원소가 46, 47, 48, 49, 50일 때(합이 240일 때)가 가장 큽니다. 즉, *B*의 원소들의 합은 15보다 크거나 같아야 하며, 240보다는 작거나 같아야 합니다. 그러므로 *B*의 원소들의 합의 개수는 15에서 240까지 모두 226개입니다.

그러면 이제, *A*의 부분집합을 모두 모아 놓은 집합 *S*를 함수 *f*의 정의역으로 하고, *B*의 원소들의 합을 모두 모아 놓은 집합 *T*를 함수 *f*의 공역이라 하면, 이때 집합 *S*의 원소 개수($|S|$)는 252개이고, 집합 *T*의 원소의 개수($|T|$)는 226개입니다. *S*의 원소 각각은 *T*의 원소 각각과 대응합니다. 그리고 *S*의 원소 개수가 더 많기 때문에, 적어도 2개 이상의 *S*의 원소가 1개의 T의 원소에 대응할 수밖에 없습니다. 비둘기가 비둘기집보다 더 많으면, 어느 비둘기집엔가는 반드시 두 마리 이상이 들어가야 하는 것과 마찬가지입니다.

즉, $|S|=252$이고 $|T|=226$이므로, 비둘기집 원리에 의해

$|f^{-1}(b)| > 1$인 b가 존재합니다. 따라서 $f^{-1}(b)$에서 서로 다른 두 원소 B_1, B_2를 고를 수 있고, $|B_1| = f(B_1) = f(B_2) = |B_2|$인 경우가 반드시 존재합니다.

이 문제는 비둘기집 원리까지 가는 데 약간의 과정이 필요하지만, 결국 비둘기집 문제입니다. 주어진 문제를 단순화해서 결국 우리가 아는 아주 단순한 원리 문제로 귀결시키는 게 핵심입니다. 이런 건 훈련이 필요하긴 하지만, 이해할 수 있는 것들입니다. 우리는 아주 단순한 원리에서 출발하여, 이 원리로 얼핏 보면 당연하지 않은 일까지 증명할 수 있습니다.

같은 횟수로 악수하는 사람

이제 좀 더 난도를 올려보겠습니다. 악수의 횟수와 관련된 증명 문제입니다.

문제 : n명의 사람이 서로 악수를 할 때(같은 사람과는 한 번 이하로 악수함), 같은 횟수로 악수를 하는 사람이 최소한 두 명 존재함을 보여라.

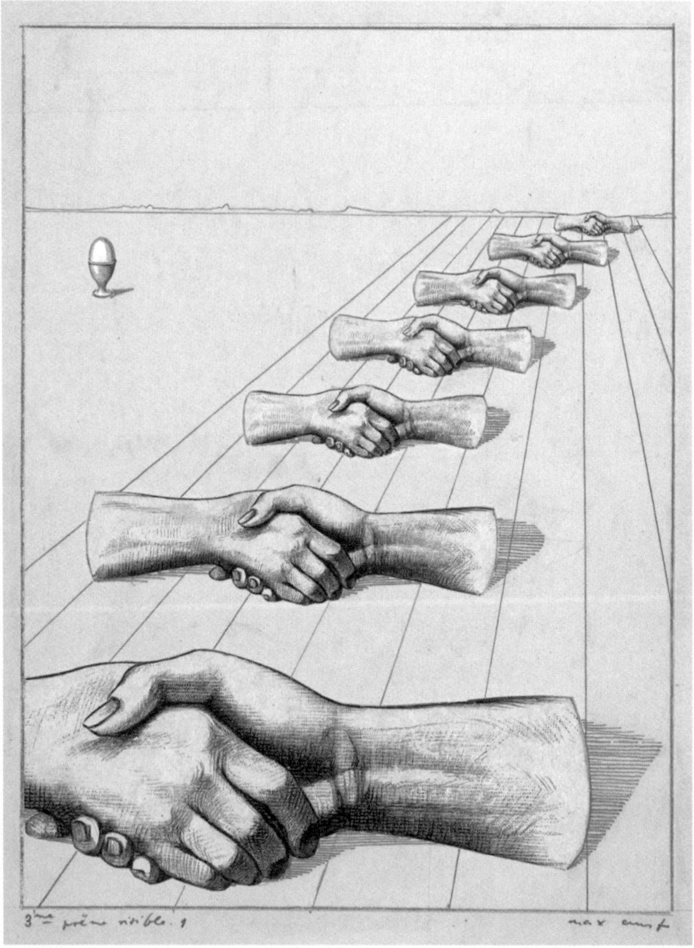

같은 사람과는 1번 이하로 악수한다는 가정하에, n명의 사람이 서로 악수할 때 같은 횟수로 악수하는 사람이 최소한 2명이 있다.

사람들이 악수를 한다고 해봅시다. 100명도 괜찮고, 1000명도 괜찮습니다. 그런데 같은 사람과는 한 번만 악수할 수 있고, 어떤 사람과는 악수를 안 할 수도 있습니다. 예를 들어 20명이 있는데 A라는 사람은 15명하고만 악수를 하고 4명과는 하지 않았고, B라는 사람은 18명하고만 하고 1명과는 하지 않았고, C라는 사람은 14명하고만 하고 5명과는 하지 않았다고 할 때, 이 20명 중 누군가 두 명은 악수한 숫자가 똑같다는 것을 증명하라는 문제입니다. 전체 사람 수와는 상관없이, 항상 이런 경우엔 누군가 두 명은 같은 횟수로 악수한다는 것입니다. 물론 자기 자신과는 악수할 수 없습니다.

이 문제는 곧잘 나오는 문제입니다. 많은 이들에게 이 문제는 무슨 말인지는 알겠지만 어디서부터 출발해야 할지는 약간 막막한 문제일 것입니다. "적어도 두 명" 하는 것을 보니 비둘기집 원리와 관계가 있을 것 같기는 한데 말입니다. 그렇습니다. 이 문제는 비둘기집 원리 문제와 똑같습니다.

n명의 사람이 서로 악수할 때, 어떤 사람이 악수하는 총 경우의 수는 0부터 최대 $n-1$입니다. 자기 자신과 악수하는 경우를 빼야 하니까 $n-1$입니다. 만약 모든 사람이 다 악수를 1번 이상을 하는 경우라면 어떻게 될까요? 아무와도 악수하지 않는 외톨이는 없다고 가정하는 거죠. 그러면, 악수를 하는 사람들 총

수는 n이고, 각 사람이 악수할 수 있는 총 경우의 수는 $n-1$입니다. A라는 사람은 1번 악수할 수도 있고, 2번 악수할 수도 있고, $n-1$번 악수할 수도 있습니다. 사람 수 n이 더 크기 때문에, 사람 별로 악수한 횟수를 짝지어보면 누군가 두 명은 같은 횟수의 원소와 짝지어질 것입니다. 즉 비둘기집 원리를 이용하면, 최소한 두 사람은 같은 횟수로 악수하게 됩니다.

만약 아무와도 악수를 안 하는 외톨이가 1명인 경우라면 어떻게 될까요? 악수를 하는 사람 총수는 $n-1$이고, 각 사람이 악수할 수 있는 총 경우의 수는 $n-2$입니다. 이 경우에도 마찬가지로 비둘기집 원리를 이용하면, 최소한 두 사람은 같은 횟수로 악수하게 됩니다. 아무와도 악수를 안 하는 외톨이가 2명인 경우, 악수를 하는 총 사람수는 $n-2$이고, 각 사람이 악수할 수 있는

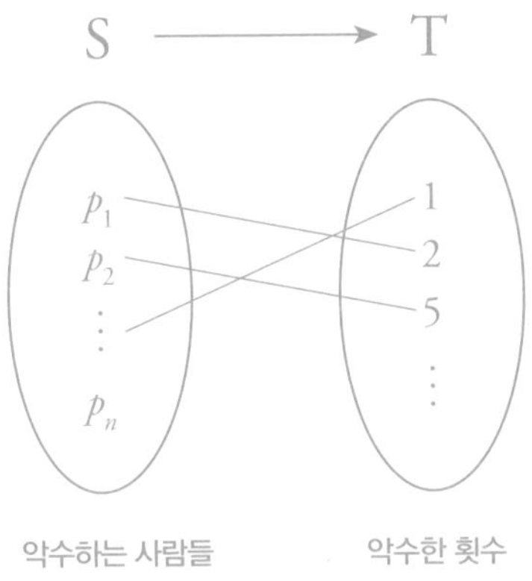

총 경우의 수는 $n-3$입니다. 이 경우에도 마찬가지로 비둘기집 원리를 이용하면, 최소한 두 사람은 같은 횟수로 악수하게 됩니다. 이렇게 귀납법에 의해 최소한 두 사람이 같은 횟수로 악수하는 것이 모든 경우에 해당되며, 일반적으로 사실입니다.

그러니까 1부터 n명까지 사람들이 악수를 한다고 했을 때, 사람은 비둘기, 악수한 횟수는 비둘기집으로 생각하면 됩니다.

이 경우는 언제나 악수하는 사람들이 악수한 횟수보다 더 크므로, 반드시 같은 횟수로 악수하는 사람이 최소한 두 명이 존재하게 됩니다. 두 마리의 비둘기가 같은 비둘기집으로 들어가듯이 말입니다. 이처럼 그림을 그리든, 그렇지 않든 비둘기집 원리로 바꿔 생각하면, 당연하지 않아 보이는 것도 당연하다는 것을 증명할 수 있습니다.

확률과 비둘기집 원리

지금까지는 그냥 비둘기집 원리만 따져보았는데, 이제는 확률을 도입해 조금 더 확장해보도록 하겠습니다.

문제 : 10마리의 비둘기를 20개의 비둘기집에 균일한 확률로

배분할 때, 두 마리 이상의 비둘기가 같은 비둘기집에 들어갈 확률은?

여태까지 다룬 문제와는 사뭇 다릅니다. 앞의 예들에서는 비둘기 수가 비둘기집의 개수보다 많아서 한 비둘기집에 두 마리 이상이 들어갔는데, 이번 예에서는 비둘기집의 개수가 더 많습니다. 10마리의 비둘기가 20개의 비둘기집에 들어갈 때 복잡하게 들어갈 필요는 없습니다. 비둘기가 똑똑하다면 서로 여유롭게 한 비둘기집에 한 마리씩 들어갈 것입니다. 그런데 비둘기들이 그렇게 똑똑하진 않다고 해볼까요? 그러면 그냥 날아와서 다른 비둘기가 있든 없든 일단 안으로 들어가고 봅니다. 즉, 비둘기가 비둘기집에 균일한 확률로 배분되는 것입니다. 한 비둘기가 20개의 비둘기집 중 어느 한 비둘기집으로 들어갈 확률은 $\frac{1}{20}$ 입니다. 20개의 비둘기집이 있고 아무 데나 들어갈 수 있으니 말입니다.

이런 경우라면 비둘기집 원리 문제와 관계가 없어 보입니다. 비둘기집 원리는 비둘기가 너무 많아서 어쩔 수 없이 비둘기집에 두 마리 이상 들어가는 경우인데, 이것은 완전히 다른 상황입니다. 그런데 놀랍게도, 비둘기들이 제멋대로 날아가서 비둘기집에 들어가는 경우에 어느 비둘기집엔가는 두 마리 이상의 비둘기가 들어갈 확률이 93.45%나 됩니다! 사람이라면 이렇게 아무 생각없이 들어가진 않을 테니 확률이 더 낮을 것입니다.

이 확률의 수치가 의미하는 바는 그냥 마구잡이로 비둘기가 비둘기집에 들어간다면, 비둘기집의 개수가 더 많더라도 어느 비둘기집엔 두 마리 이상의 비둘기가 들어가 있을 확률이 굉장히 높다는 것입니다. 하나의 비둘기집에 한 마리씩 들어가면 되는데 말입니다. 그러나 자연현상이라는 것은 참으로 이상해서 무작위로 하면 두 마리 이상이 한곳으로 가는 경우가 발생할 확률이 무척 높습니다. 이는 자연에서 일어나는 이해할 수 없는 현상 가운데 하나입니다. 현대의 물리학자들 가운데 많은 이들이 이런 현상들에 주목해서 연구하고 있는 중이기도 합니다. 자연에서 이런 일이 높은 확률로 일어나는 이유를 물리적으로 이해하려고 하는 것입니다. 이런 현상이 생기는 이유에 대해선 아직 다 밝혀지지는 않았지만, 간단한 수학 계산으로 이런 현상이 매우 높은 확률로 생긴다는 것을 알 수는 있습니다. 굉장히 신기한 일인 데다 이해가 안 가는 상황이겠지만, 수학적으로 이런 확률 문제를 증명하는 것은 어렵지 않습니다.

예를 들어, m마리의 비둘기를 n개의 비둘기집에 무작위로 넣는다고 해봅시다. 이때 비둘기 수도 많고, 비둘기집 수도 많습니다. 여기서 무작위하게 넣는다는 얘기는 10마리의 비둘기

를 20개의 비둘기집에 마구 집어 던진다는 얘기입니다. 이렇듯 무작위로 넣는다면 한 비둘기집에 비둘기 두 마리가 들어갈 확률이 굉장히 높아집니다. 자연현상의 무작위성이 우연을 필연으로 만드는 것입니다.

더욱이 10마리의 비둘기가 무작위하게 20개의 비둘기집에 들어갈 때에 한 비둘기집에 두 마리 이상 들어갈 확률이 93.45%인데, 비둘기 수가 100~200마리가 넘고 비둘기집도 배로 늘어난다고 할 때에는 한 비둘기집에 두 마리 이상 들어갈 확률은 99%를 넘어섭니다. 거의 필연입니다. 사람이라면 얼마든지 겹치지 않고 들어갈 수 있겠지만, 자연에서는 이상한 일이 벌어지는 것입니다. 우연이 필연을 만듭니다.

일반화

비둘기 m마리를 n개의 비둘기집으로 배분하는 사건을 S라고 하면, $|S| = n^m$이다.
두 마리 이상의 비둘기가 같은 비둘기집에 들어가는 사건을 E라고 할 때, E가 일어날 확률은 다음과 같다.

$$P(E) = \frac{|E|}{|S|}$$

(이 경우, $m < n$이어서 보통의 비둘기집 원리가 적용되지 않는다.)

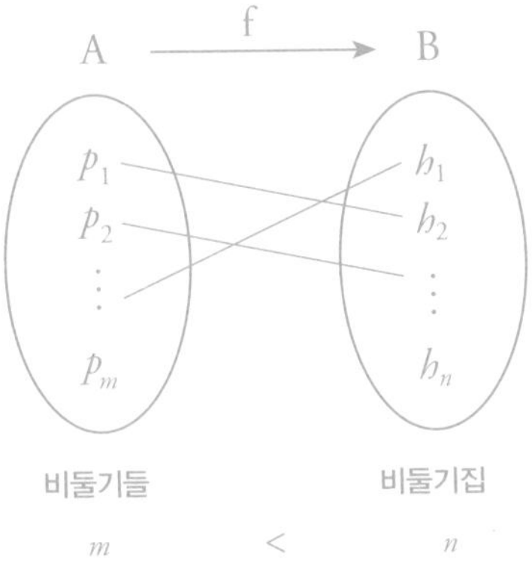

비둘기 m마리가 n개의 비둘기집으로 들어가는 사건의 경우의 수는 n^m 입니다. 왜 그럴까요? 그림으로 보면 이해가 빠를 겁니다.

A라는 집합 안에 비둘기 $p_1, p_2, p_3, \cdots, p_m$이 있고, B라는 집합 안에 비둘기집 $h_1, h_2, h_3, \cdots, h_n$이 있습니다. 비둘기 수보다 비둘기집 개수가 더 많은 상황입니다. p_1은 비둘기집 $h_1, h_2, h_3, \cdots, h_n$ 중 하나에 들어갈 수 있고, p_2도 비둘기집 $h_1, h_2, h_3 \ldots h_n$ 중 하나에 들어갈 수 있습니다. p_1은 h_2에, p_2는 h_5에, p_3는 h_3에 들어가는 등 다양한 사건들이 나올 수 있습니다. 이것은 순서를 따지면서 n개 중 m개를 꺼내는 중복순열들의 모임과 같습니다. 위 그림의 예에서 보면, '집합 B에서 m개를 뽑는 중복순열'입니다. 서로 다른 비둘기가 같은 비둘기집에 들어가도 되니까 중복이 허용되지만, 순서가 바뀌면 다른 것으로 봐야 하므로 중복순

Math Tip

순열 $_nP_r = \underbrace{n\times(n-1)\times(n-2)\times\cdots\times(n-r+1)}_{r개} = \frac{n!}{(n-r)!}$

조합 $_nC_r = \frac{_nP_r}{r!} = \frac{n!}{r!(n-r)!}$

중복순열 $_n\Pi_r = n^r$

중복조합 $_nH_r = {}_{n+r-1}C_r$

순열 : n개에서 r개를 뽑되, 순서까지 따지는 것. 중복은 허락하지 않음.

조합 : n개에서 r개를 뽑기만 하고 순서 같은 건 신경 쓰지 않는 것. 중복은 허락하지 않음.

중복순열 : n개에서 r개를 뽑을 때 같은 것을 여러 번 중복으로 뽑아도 되지만, 순서는 따지는 것.

중복조합 : n개에서 r개를 뽑을 때 같은 것을 여러 번 중복으로 뽑아도 되고, 순서 같은 건 신경 쓰지 않는 것.

열입니다. 그런 중복순열들의 개수는 n^m입니다. 더 구체적으로 중복순열에 대해 얘기하자면, n개에서 m개를 뽑을 때, 첫 번째 경우의 수도 n개, 두 번째 경우의 수도 n개, …, m번째의 경우의 수도 n개이므로, n을 모두 m번 곱한 값인 n^m입니다.

두 마리 이상의 비둘기가 같은 비둘기집으로 들어가는 사건을 E라고 했습니다. 그런데 p_1와 p_2가 중복될 수도 있고, p_1와 p_3가 중복될 수도 있는 등 사건 E가 일어날 경우의 수를 계산하는

Math Tip

여집합complement : 전체 표본공간에서, 어떤 집합 E의 여집합은 집합 E에 속하지 않은 원소로 이루어진 집합을 말한다.

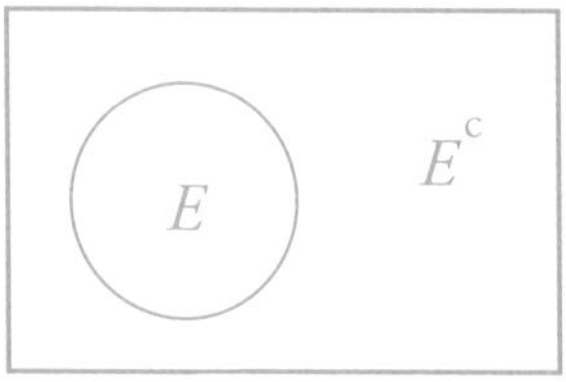

여집합에서 '여'의 한자어는 '餘(남을 여)'이며, 영어로는 'complement(보완물)'이다. 말하자면 여집합은 E와 상보적인 집합, 즉 'E가 안 가진 것을 가진 집합'이어서 두 개를 합치면 전체가 된다. 두 집합 사이에 서로 겹치는 것이 하나도 없기 때문에, 합쳐지면 서로 다른 부분을 보완해준다.

건 쉽지가 않습니다. 오히려 사건 E가 일어나지 않는 경우, 즉 사건 E의 여집합을 계산하는 게 훨씬 더 쉽습니다. 여기서 여사건 E^c는 m마리의 비둘기를 중복 없이 n개의 비둘기집에 배분하는 사건입니다. 이건 n개에서 중복 없이 m개를 뽑는 순열, 즉 ${}_nP_m$이라고 할 수 있습니다. ${}_nP_m$은 $\frac{n!}{(n-m)!}$입니다. 여기서는 '집합 B에서 중복 없이 m개를 뽑는 순열'입니다.

그러면 두 마리 이상의 비둘기가 같은 비둘기집에 들어가는 사건이 일어날 확률 $P(E)$는 1에서 여사건 E^c이 일어날 확률

• Math Tip •

전체 사건(S)이 E가 일어난 사건과 E가 일어나지 않은 사건으로 이루어질 때, 사건 E가 일어날 확률은 전체에서 사건 E가 일어나지 않을 확률을 뺀 값과 같다.

$$|E| + |E^c| = |S|$$

$$P(E) = 1 - P(E^c)$$

$$P(E) = \frac{|E|}{|S|},\ P(E^c) = \frac{|E^c|}{|S|}$$

$$\frac{|E|}{|S|} + \frac{|E^c|}{|S|} = 1$$

$\frac{|E^c|}{|S|}$을 뺀 것과 같습니다.

$$P(E) = 1 - \frac{|E^c|}{|S|}$$

$$= 1 - \frac{{}_n\mathrm{P}_m}{n^m} = 1 - \frac{n!}{(n-m)!\,n^m} = 1 - \frac{20!}{10!\,20^{10}} \approx 0.9345$$

그리고 이 같은 증명 과정에서 나온 결과를 관찰해보면 다음과 같은 사실을 도출해낼 수 있습니다 .

관찰 : n, m이 큰 숫자이면, 비둘기집 배분의 무작위성으로 인해 여러 마리의 비둘기가 같은 집으로 들어갈 확률이 아주

©Wikipedia

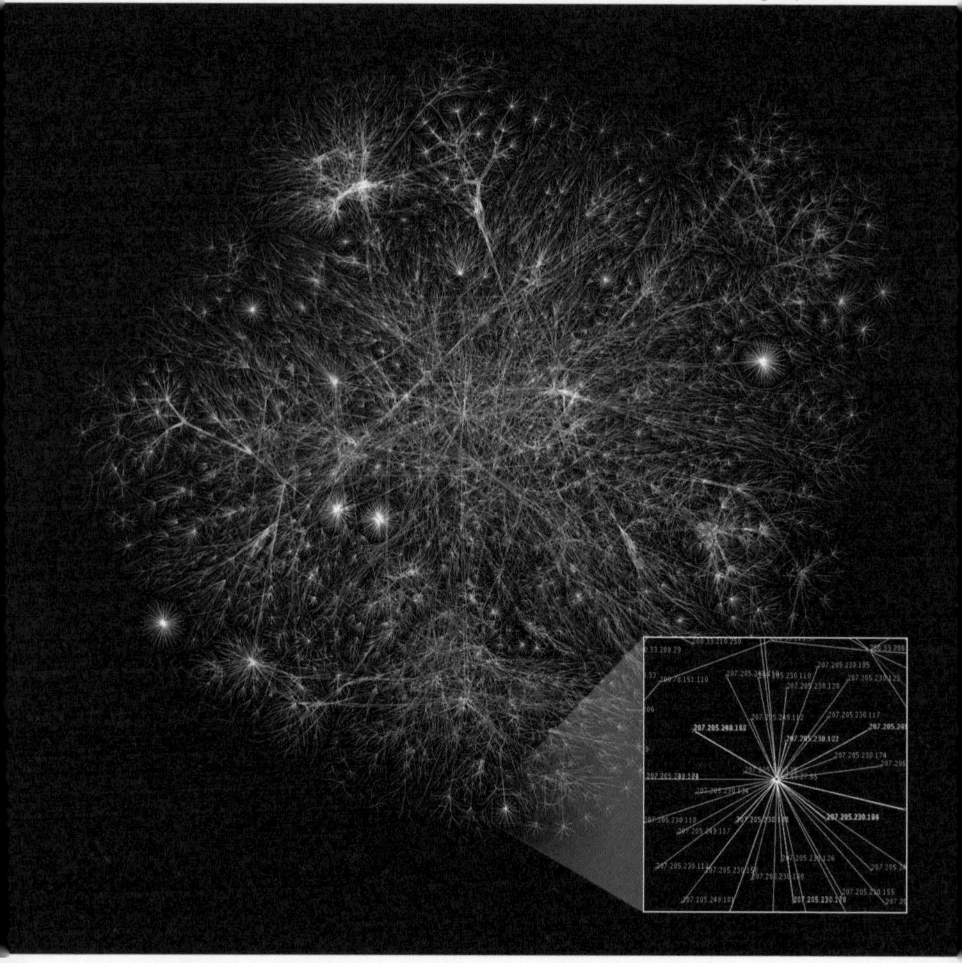

인터넷 지도

높고, 따라서 비둘기집 원리가 여전히 성립할 확률이 높다는 것을 알 수 있다.

우연이 필연을 만듭니다. 그냥 무작위하게 집어넣었는데 같은 집에 들어가는 비둘기들이 둘 이상 나올 확률이 굉장히 높습니다. 이는 거의 항상 생긴다는 것을 뜻합니다. 그러면 비둘기와 비둘기집이 더 많아지면 어떻게 될까요? $1-\frac{n!}{(n-m)!\,n^m}$에서 유추할 수 있듯이, n과 m이 커지면 커질수록 분모와 분자가 커지는데, 분모가 훨씬 빨리 커질 것입니다. 세상에 지수함수보다 더 빠르게 커지는 함수는 별로 없습니다. 지수함수는 상상을 초월할 만큼 빠르게 커집니다. 그래서 $\frac{n!}{(n-m)!\,n^m}$은 점점 더 0에 가까워집니다. 이 말은 확률이 100%에 점점 더 가까워진다는 뜻입니다. 만약 1000마리의 비둘기를 10000개의 비둘기집에 집어넣을 때 두 마리 이상이 같은 집에 들어갈 확률은 거의 99.9999%입니다. 이것이 바로 무작위성의 신비함입니다.

무작위성randomness과 복잡계

무작위성이라는 것은 또 다른 신세계이고 대단히 큰 분야입니다. 무작위성에 기반한 복잡계complex system를 다루는 학문 분야가 따로 있을 정도입니다. 복잡계는 요즘처럼 인터넷이 발달한 정보통신 시대에 더욱 중요해졌습니다.

가령, 할리우드의 영화배우 1000명의 거주지를 점으로 찍어놓고, 서로 아는 사람들 사이를 선으로 이어본다고 해봅시다. A와 B가 아는 사이면 선을 긋고, B와 C가 모르는 사이면 선을 긋지 않는 것입니다. 그렇게 그어진 선들은 소셜 네트워크social network를 보여줍니다.

실제로 컴퓨터공학자들과 사회과학자들은 이와 같은 인맥도를 수없이 그려보았습니다. 그랬더니 우리가 상식적으로 얘기하곤 하는 '마당발'이 있다는 것이 증명되었습니다. 마당발은 온갖 사람들과 연결된 사람들, 즉 인간관계가 폭넓은 사람들이라고 할 수 있습니다. 일종의 허브입니다. 할리우드 영화배우 인맥도에서는 몇 군데 핵심 마당발이 눈에 띄었습니다. 만약 할리우드를 끔찍하게 싫어하는 테러리스트가 할리우드 배우들끼리의 사이를 단절시키겠다고 작정한다면, 가장 손쉬운 방법은 마당발인 인물들을 표적으로 삼는 것입니다. 그러면 배우와 프로듀서, 프로듀서와 영화 제작자들 사이의 소통이 단절되거나, 이전에 비해 소통이 원활하지 않게 될 것입니다. 비단 영화배우 인맥도뿐 아니라 정치인 인맥도, 트위터 친구 네트워크도 그럴 수

ⓒWiki.uiowa.edu

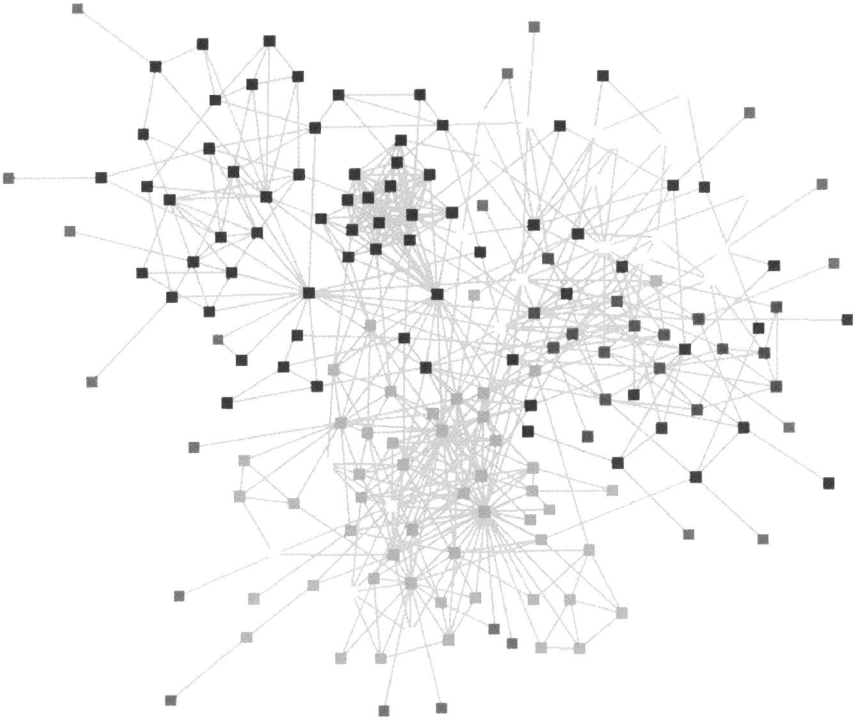

소셜 네트워크 지도를 보면 몇몇 지점의 허브를 중심으로 사람들이 연결되어 있다는 것을 알 수 있다.

있으며, 역시 마당발의 존재를 금방 확인할 수 있습니다.

이렇게 소셜 네트워크나 인맥도에 대해 갑자기 얘기하는 이유는, 신기하게도 1000개의 점을 아무 생각 없이 찍고 마음 내키는 대로 선을 잇더라도 허브인 지점이 있다는 것을 발견할 수 있기 때문입니다. 어린아이에게 마음대로 선을 이으라고 해도 그곳에 허브가 있습니다. 이게 바로 무작위성의 힘입니다. 그냥 아무 생각 없이 그었는데도 이상하게 몇 개는 연결이 훨씬 더 많이 되어 있습니다. 이처럼 설명하기도 이해하기도 힘든 것이 바로 복잡계의 성질입니다.

2000년대 초에 한국에서 인터넷이 이틀 동안 마비된 적이 있었습니다. 대기업 통신업체에서 운영하는 데이터 센터들은 각 컴퓨터를 연결하는 허브 역할을 하고, 각 컴퓨터의 인터넷 연결망을 선으로 그어보면 굉장히 복잡한 네트워크를 형성합니다. 인터넷망은 처음 만들 때 설계해서 만든 게 아닙니다. 이것저것 있는 것들을 상당히 무작위로 이은 연결망입니다. 그래서 이런 인터넷 연결망을 선으로 그어보면 허브 역할을 하는 지점을 찾을 수 있습니다. 데이터 센터가 여러 개라도, 이상하게 다른 곳에 비해 더 많이 연결된 지점이 생깁니다. 무작위로 하다 보면 그렇게 되는 것입니다. 그래서 2000년대 초반 컴퓨터 해커들은 그런 핵심 지점 몇 군데를 공격했습니다. 해커의 공격으로 핵심

지점 몇몇 곳에 문제가 생기자 몇 십 단계를 거쳐서야 비로소 인터넷에 연결되는 사태가 빚어졌습니다. 거의 사용이 불가능할 정도로 느린 인터넷이었습니다. 무작위하게 점들을 이어놓으면 이상하게 허브 지점이 생기고, 그 지점을 공격하면 연결이 안 되거나 아주 느리게 연결되어 거의 통신이 불가능한 상태가 되는 것입니다. 이것이 인터넷의 취약점입니다. 그래서 네트워크를 보호하려면 무작정 무작위성에 맡겨 놓기보다는 허브를 공략해도 몇 단계를 거치면 통신이 될 수 있도록 인위적으로 설계할 필요가 있습니다. 폴트 톨러런트fault tolerant 네트워크 설계가 바로 이러한 요소를 고려하는 방식입니다. 무작위성으로 나타나는 성질을 최대한 보완할 때 수학이 필요합니다. 이렇게 보면 현대 수학은 별의별 것과 다 연결됩니다. 무작위성이 갖는 신기한 사실은 복잡계라는 완전히 새로운 학문 분야를 열었고, 자연현상을 무작위성으로 설명하는 방식은 이제 큰 연구 흐름이 되었습니다.

확률과 정보량

우리에게 어떤 정보가 주어졌다고 해봅시다. 얼마나 많은 정보가 주어졌는지, 그 정보량 I를 측정할 수 있을까요? 현대 사회에서 정보는 돈입니다. 우리가 만약 어떤 주식이 얼마씩 오를 것이라고 미리 알 수 있다면 백만장자가 될 것입니다. 누군가가 우리에게 어떤 주식이 내일 얼마 오를 것이라고 알려주었다면, 그 정보의 가치는 어떻게 측정할 수 있을까요?

정보의 가치를 측정할 수 있으려면, 추상적인 정보의 양을 측정 가능한 물리량으로 표현해야 합니다. 만약 정부가 내일 전쟁이 일어난다고 발표한 상황에서 A라는 사람이 주식이 내일 떨어질 테니 팔라고 누군가에게 조언한다면 이 조언은 가치가 그리 높지 않습니다. 당연히 예측할 수 있는 정보이니까요. 즉, 누가 봐도 주식이 떨어질 확률이 매우 높은 상황입니다.

이렇게 확률이 높은 정보는 그 가치가 낮습니다. 즉, 정보가치는 확률에 반비례합니다. 만약 A가 일반 사람들은 전혀 예측할 수 없는 주식 정보와 함께 "내일 S전자가 얼마 오를 테니, S전자의 주식을 사라"라고 조언했는데, 그 말이 사실이라면 A가 제공한 정보는 가치가 굉장히 높은 정보라고 할 수 있습니다. 이처럼 정보량과 정보가치는 확률과 관계가 깊습니다. 즉 확률의 함수입니다. 확률은 정보의 양을 측정하는 도구가 될 수 있습니다.

어떤 사건 E가 10분 후 반드시 일어난다는 것을 모두가 알고 있다고 해봅시다. 사건 E가 일어날 확률은 1입니다($P(E)=1$).

누군가 내게 이 정보를 귀띔해줘도 가치가 전혀 없는 정보입니다. 이 경우 정보량은 0입니다. $I(E)=0$입니다. 극단적인 예이기는 하지만, 발생할 확률이 높은 정보라면 정보량이 많다고 볼 수가 없는 것입니다. 반대로 아주 희귀한 정보가 주어졌다면, 즉 발생할 확률이 낮다면, 이는 가치가 큰 정보가 됩니다. 간단히 말해, 정보량 I는 특정 사건이 일어날 확률 P에 반비례합니다. 그러면 문제를 통해 구체적으로 살펴보겠습니다.

철수　　　　　　　　　　　　영희

문제 : 두 명의 참가자인 철수와 영희를 대상으로 콘테스트가 진행되고 있다. 안에 a와 b가 여러 개 들어 있는 똑같은 박스 두 개가 있다고 해보자. a를 뽑을 확률이 $\frac{99}{100}$이고, b를 뽑을 확률이 $\frac{1}{100}$이다. 철수와 영희는 이 사실을 모른다. 철수와 영희가 둘 다 박스에서 두 차례 기호를 뽑는다고 할 때 박스 안에 들어 있는 두 개의 기호를 더 빠르게 맞추는 사람

이 상금을 받는다. 즉, 표본공간 $S=\{a, b\}$가 확률분포 $P(a)=\frac{99}{100}$, $P(b)=\frac{1}{100}$을 만족할 때, S의 두 기호를 먼저 모두 맞추는 사람이 이기는 게임이다. 1회전에서 철수는 기호 a를, 영희는 기호 b를 뽑았다. 누가 승리할 가능성이 높은가?

말하자면 박스에 들어 있는 기호 두 개를 먼저 맞추는 사람이 이기는 콘테스트입니다. 직관적으로 생각해도 영희가 승리할 가능성이 훨씬 높습니다. 1회전에서 나오기 힘든 기호 b를 뽑았기 때문입니다. 2회전에서 a를 뽑을 확률이 월등히 높은 상황입니다. 그래서 영희는 서로 다른 기호 두 개를 먼저 알아차릴 가능성이 굉장히 높습니다. 그러나 철수는 사정이 다릅니다. 1회전에서 a를 뽑았지만, 2회전에서도 a가 나올 가능성이 높기 때문에, 박스 안에 다른 어떤 기호가 들어 있는지 짐작하기 어려운 상황입니다. 즉 2회전에서 철수가 b를 뽑을 확률은 $\frac{1}{100}$이고, 영희가 a를 뽑을 확률은 $\frac{99}{100}$이므로, 영희가 두 기호를 모두 맞추어 승리할 확률이 월등히 높습니다.

$$I(a) < I(b)$$

결국 나올 확률이 $\frac{1}{100}$인 정보의 가치가 훨씬 높다는 애기입니다. 다른 말로 하면, p의 확률로 발생하는 기호의 정보량 $I(b)$는 $P(b)$에 반비례합니다. 따지고 보면, 그리 어려운 얘기는 아닙니다. 희소가치가 있는 정보의 가치가 높다는 얘기이니 말입니다.

정보량 I의 성질

지금까지 얘기한 것을 기초로 정보량 I의 성질을 다음과 같이 정리할 수 있습니다.

1) P의 확률로 발생하는 특정 사건의 정보량 I는 P에 반비례한다.

$$P(a) > P(b) \rightarrow I(a) < I(b)$$

2) 확률이 $P(a)$와 $P(b)$인 독립적인 두 사건이 일어날 확률은 $P(a) \times P(b)$이고, 이 두 사건이 모두 일어날 때의 정보량은 각 정보량의 합으로 볼 수 있다.

$$I(a+b) = I(a) + I(b)$$

3) $I \ge 0$이라면 I는 P에 대해서 연속적이어야 한다고 가정할 수 있다.

정리하면, 확률 $P(a)$가 확률 $P(b)$보다 더 크면, 반대로 정보량 $I(a)$는 정보량 $I(b)$보다 작습니다. 하나의 사건이 정보라면, 두 개의 사건은 두 개의 정보입니다. 정보량은 각각을 더하면 됩니다. 일반적으로 확률 P의 정보량 I가 0보다 크거나 같을 때, I는 P에 대해서 연속적이어야 한다고 가정할 수 있습니다. 이 가정은 확률이 변하면 정보량도 연속적으로 변할 것이라는 물리적인 직관 때문에 만들어진 조건입니다.

그러면 이 세 가지 성질을 만족하는 함수가 있다면 무엇일까요? 이런 질문을 던지는 이유는 정보량(정보의 가치)을 함수로 표현해보고 싶기 때문입니다. 이런 성질을 만족할 만한 함수가 있을까요? 신기하게도, 거의 유일하게 이런 성질을 모두 만족하는 함수가 있습니다. 그 유일한 함수가 바로 로그함수입니다.

특히 두 번째 성질을 주목해봅시다. 독립적인 두 사건이 일어날 확률은 곱으로 표현하고, 그에 따른 정보량은 합으로 표현하는데, 이는 로그함수의 기본 성질과 일맥상통합니다.

$$\log(P(a) \cdot P(b)) = \log P(a) + \log P(b)$$

$$\rightarrow C(a)\cdot\log P(a) + C(b)\cdot\log P(b) = I(a) + I(b) = I(a+b)$$

정보량을 표현하는 함수는 로그함수라는 것입니다. 즉, 정보의 가치는 확률의 로그함수입니다! 다음의 정리에 따르면 앞의 세 가지 성질을 모두 만족하는 함수 $I(P)$는 거의 유일하다는 것을 알 수 있습니다.

정리 : 정보량 함수의 세 가지 성질을 모두 만족하는 함수는 $I(P) = \mathrm{C}\cdot\log_2\frac{1}{P}$ $(\mathrm{C}>0)$의 형태이어야 한다.

증명 : $I(P^2) = I(P\times P) = I(P) + I(P) = 2I(P)$

이런 방식을 반복하면, 모든 자연수 n에 대하여 $I(P^n) = n\cdot I(P)$가 성립한다.

이를 조금 더 확장하면 n이 유리수일 때도 성립함을 알 수 있다. n이 실수일 때도, 실수로 가는 유리수 수열을 잡아서 $I(P)$가 연속함수임을 이용하면, 모든 실수 n에 대하여 $I(P^n) = n\cdot I(P)$이다.

$0 < a < 1$인 실수를 고정하자.

$$\rightarrow I(P) = I(a^{\log_a P}) = I(a)\cdot\log_a P = \mathrm{C}\cdot\log_2\frac{1}{P}$$

여기에서 $\mathrm{C} = \dfrac{-I(a)}{\log_2 a}$는 양수이다.

다시 강조하자면, 정보량은 확률의 로그함수입니다. 확률 P는 0과 1 사이의 값입니다. 예를 들어 $P = 0.5$일 때, $\log_2 0.5$는 음수가 됩니다. 아무 가치가 없는 정보량, 즉 정보량의 최솟값은 0으로 정보량은 항상 0보다 큰 양수입니다. 따라서 항상 양의 정보량을 얻기 위해서는 $I(P)$는 확률의 역수인 $\frac{1}{P}$의 로그함수 형태가 되어야 하며, P와 $I(P)$는 반비례한다는 것을 알 수 있습니다. 또한 2를 밑으로 하는 로그함수를 취하는 까닭은 정보량의 단위가 2진수인 비트임을 나타내기 위해서입니다. 이제 C를 1로 놓으면, 정보량 함수는 $I(P) = \log_2 \frac{1}{P}$이 되는데, 이것을 정보함수Information Function라고 합니다.

다음으로 기댓값을 보겠습니다. 기댓값은 평균 개념과 연관지어 생각하면 쉽게 이해할 수 있는 개념입니다.

정의 : S의 확률분포가 $\{p_1, \cdots, p_q\}$이고, S 상에서 정의된 함수 $f : S \to \mathbb{R}$이 있을 때, S의 가중평균치 $\sum_{i=1}^{q} P_i f(P_i)$를 S의 기댓값이라고 한다.

예를 들어, 어떤 집단의 수학 중간고사 성적 분포가 50점이 3명, 90점이 1명으로 나왔습니다. 각 점수의 확률분포를 구해보면, 50점이 나올 확률은 $\frac{3}{4}$, 90점이 나올 확률은 $\frac{1}{4}$입니다.

$$x_1=50,\ x_2=90$$

$$p_1=\frac{3}{4},\ p_2=\frac{1}{4}$$

$$\text{기댓값}=\sum_{i=1}^{q}x_if(x_i)=\sum_{i=1}^{q}x_iP_i$$

$$=\left(50\times\frac{3}{4}\right)+\left(90\times\frac{1}{4}\right)=60$$

즉, 기댓값은 50점과 90점이 가능할 때 이것들이 일어날 확률을 따져서 계산하는 것입니다. 이렇게 구한 기댓값이 다름 아닌 바로 평균임을 금방 알아차릴 것입니다. 무작위로 4명의 학생 중 한 명의 점수를 물어본다면, 가끔 90점이 나오고, 여러 번 50점이 나올 것입니다. 60점은 그것의 빈도를 고려한 점수라고 할 수 있습니다. 기댓값은 일어나는 사건들과 그것이 일어날 확률들을 각각 곱해서 더한 값으로, 평균의 일반화된 개념입니다.

이런 기댓값 개념으로 정보 엔트로피를 정의할 수 있습니다. 학생들도 물리를 공부할 때나 TV 다큐멘터리 프로그램 등을 통해 엔트로피라는 용어를 접해보았을 것입니다. 그러나 물리학에서는 엔트로피를 자연계의 무질서 정도를 나타내는 양이라고 표현합니다. 열역학 제2법칙이 엔트로피 증가의 법칙인데, 형식상의 유사점에도 불구하고 정보 엔트로피와는 내용에서 구별됩니다.

엔트로피와 코딩

정보 엔트로피에 대한 엄밀한 정의는 아래와 같습니다.

정의 : S의 확률분포가 $\{P_1, \cdots, P_q\}$일 때, 엔트로피 $H(S)$는 S의 기대정보량, 즉 $H(S) = \sum_{i=1}^{q} P_i I(P_i)$이다.

정보통신 분야에서 엔트로피는 한마디로 정보량의 기댓값, 평균 정보량입니다. 엔트로피는 정보량이 대충 평균적으로 어느 정도 있느냐를 묻는 것이라고 보면 됩니다. 다음의 예를 볼까요? 앞에서 다루었던 코딩 이론을 떠올려보면 좋을 겁니다.

문제 : 메시지 집합 $S = \{a, b, c, d\}$가 있고, 그 확률분포는 $P(a) = \frac{2}{17}$, $P(b) = \frac{2}{17}$, $P(c) = \frac{8}{17}$, $P(d) = \frac{5}{17}$로 주어졌다. 철수와 영희가 이 메시지 집합을 다음의 방식으로 각각 인코딩했다. 누구의 방식이 더 효율적인가?

철수	영희
$a = 11$	$a = 01010$
$b = 0$	$b = 00$
$c = 100$	$c = 10$
$d = 1010$	$d = 11$

문제에 따르면, 철수와 영희는 메시지 a, b, c, d를 전송해야 합니다. 영어사전을 보면 어떤 철자는 자주 등장하고 어떤 철자는 드물게 등장합니다. 우리가 사용하는 qwerty 영문 자판 키보드는 자주 나오는 철자를 감안해서 제작한 것입니다. q는 타자 칠 때 자주 나오지 않으니까 왼쪽 끝에 위치하고 있습니다. 새끼 손가락으로 치기 어려우니까 잘 등장하지 않는 영문 철자를 그곳에 배치한 것입니다. 빈도, 즉 확률을 다 계산해서 고안한 자판입니다.

문제에서 a가 $\frac{2}{17}$, b가 $\frac{2}{17}$, c가 $\frac{8}{17}$, d가 $\frac{5}{17}$의 확률로 등장합니다. 상식적으로 a, b, c, d를 0과 1로 코딩하려고 한다면, 가장 자주 나오는 c를 좀더 짧은 것으로 하고, 드물게 등장하는 a와 b를 긴 것으로 해서 보다 더 정보를 압축해서 보낼 것입니다. 그래야 더 빨리 보낼 수 있기 때문입니다. 자주 나오는 철자를 긴 코드로 만들면 전송하는 데 시간이 더 걸리게 됩니다. 철수와 영희가 코딩한 것을 비교해보면 얼핏 봐도 영희가 더 효율적인 것처럼 보입니다.

철수와 영희, 둘 중 누가 더 효율적으로 메시지를 보내는가를 측정하는 것이 바로 엔트로피 개념입니다. 영희의 경우 철자들을 5자리, 2자리, 2자리, 2자리로, 철수의 경우 철자들을 2자리, 1자리, 3자리, 4자리로 인코딩했습니다.

철수와 영희가 보내는 메시지의 총정보량은 같지만, 부호어(코드단어, codeword)의 총합인 철자의 수는 같지 않습니다. 부호어의 평균 길이가 더 긴 코드는 한 자리가 갖는 정보량이 더 작은 코드입니다. 이때의 코드를 보고 우리는 엔트로피가 더 높다고 애기합니다. 엔트로피가 낮다는 의미는 한 자릿수가 가진 정보량이 상대적으로 더 많다는 것을 의미합니다. 즉 엔트로피 측정은 하나의 철자가 얼마나 많은 정보를 가지고 있는지를 측정하는 것입니다. 그러면 철수와 영희가 보낸 메시지에서 부호어의 평균 길이는 어떻게 될까요?

철수가 부호화한 부호어의 평균 길이

$$2 \times \frac{2}{17} + 1 \times \frac{2}{17} + 3 \times \frac{8}{17} + 4 \times \frac{5}{17} = \frac{50}{17}$$

영희가 부호화한 부호어의 평균 길이

$$5 \times \frac{2}{17} + 2 \times \frac{2}{17} + 2 \times \frac{8}{17} + 2 \times \frac{5}{17} = \frac{40}{17}$$

따라서 영희의 인코딩 방식이 메시지 전송에서 철수보다 더 빠르다는 결론을 내릴 수 있습니다. 영희의 인코딩이 더 효율적이라는 애기입니다. 수학자는 똑같은 메시지를 전송할 때 평균 길이가 적은 코드를 어떻게 만들어낼 것이냐를 고민합니다.

이제 질문을 달리해보겠습니다. 주어진 메시지를 가장 효율적으로 인코딩하는 수학적인 방법이 있을까요? 앞의 예에서 철수의 인코딩보다는 영희의 인코딩이 더 효율적인데, 영희의 인코딩보다 더 효율적인 인코딩은 없을까요? 이는 코딩 이론의 중요한 문제 가운데 하나입니다. 이 질문을 수학 문제로 바꾸면 다음과 같습니다.

문제 : 표본공간과 확률분포가 주어졌을 때, 코드어의 평균 길이가 가장 짧은 프리픽스 프리 이진 코드prefix-free binary code를 찾아라.

엔트로피가 낮으면서도, 즉시 해독될 수 있는 코드를 찾으라는 문제입니다. 바로 해독되면서도 짧아서 전송이 빠른 코드, 곧 데이터가 압축된 코드를 말입니다. 앞서 언급한 적 있는 zip 파일, gz파일 등이 이렇게 해서 고안된 압축 파일입니다.

부호어의 평균 길이가 가장 짧은 프리픽스 프리 이진 코드를 찾으라는 문제를 수학자들은 이산 최적화discrete optimization 문제 또는 조합 최적화combinatorial optimization 문제라고 부릅니다. 미적분에서는 최대 혹은 최소를 찾을 때 "미분해서 0이 되면…." 하는 식으로 문제를 푸는데, 이 문제는 미분을 적용할 수 없습니다.

변수가 모두 분리되어 있으므로, 즉 연속이 아니므로 미분할 수 없는 것입니다.

엔트로피 코딩의 예

a, *b*, *c*, *d*, *e*가 있고, 이 가운데 *c*와 *e*가 자주 일어난다고 해봅시다. 나머지는 드물게 일어납니다. 이 철자들을 0과 1로 인코딩해서 보내려면 드물게 나오는 것보다 자주 나오는 것의 자릿수를 더 짧게 하는 게 더 좋은 방법일 것입니다. 대표적인 인코딩 방식으로는 허프만 코딩Huffman Coding이 있습니다. 허프만 코딩은 주어진 메시지를 인코딩하면서 부호어의 평균 길이가 가장 짧아지도록 하는 엔트로피 인코딩 알고리즘으로, 데이터 압축을 가능하게 하는 코딩 방식의 하나입니다. 다음의 문제를 예로 들어서 허프만 코딩을 설명해보겠습니다.

문제 : 4개의 기호를 가진 메시지 집합 $S = \{a_1, a_2, a_3, a_4\}$가 확률분포 {0.4, 0.35, 0.2, 0.05}를 가질 때, 가장 효율적인 인코딩 방법은 무엇인가?

위 문제를 보면, a_1은 굉장히 자주 일어나고, a_4는 거의 안 일어납니다. 그러니까 a_4는 길어도 상관없을 정도로 드물게 나타납니다. 보통은 블록코드를 사용할 것입니다. 메시지 집합의 원소가 4개이니 어떤 이들은 a_1은 00, a_2는 01, a_3는 10, a_4는 11로 바꿔서 보내는 방법을 생각할 것입니다. 이렇게 하면 부호어의 평균 길이는 2비트입니다. 어떻게 해도 항상 2비트이니, 기호symbol마다 각각 2비트의 엔트로피를 가집니다. 이 경우, 엔트로피는 정확히 부호어의 길이가 됩니다. 그러나 수학자들이 발견한 좋은 방법의 하나인 허프만 코딩으로 인코딩하면 부호어의 평균 길이가 1.85가 됩니다. 그래서 모두 2비트로 코딩하는 방법보다 훨씬 더 빠르게 메시지가 전송됩니다. 대표적인 경우가 바로 zip파일입니다. 이제 허프만 이진 트리Huffman binary tree를 사용한 코딩을 수행해봅시다.

Step 1. 각 문자를 그래프의 점vertex으로 나타낸 뒤에 가장 확률이 낮은 문자 2개를 고르고, 그 확률을 합한 뒤에, 이를 그래프로 나타낸다($a_3 = 0.2$, $a_4 = 0.05$).

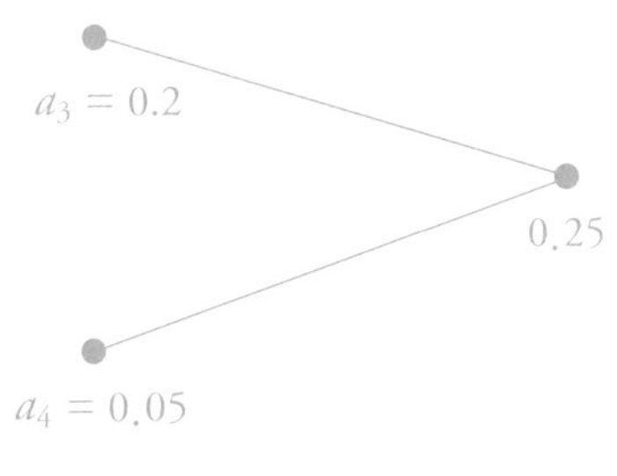

Step 2. 남은 문자 중 가장 확률이 낮은 문자를 고르고, 위의 결과 확률과 합한 뒤에, 이를 그래프로 나타낸다($a_2 = 0.35$).

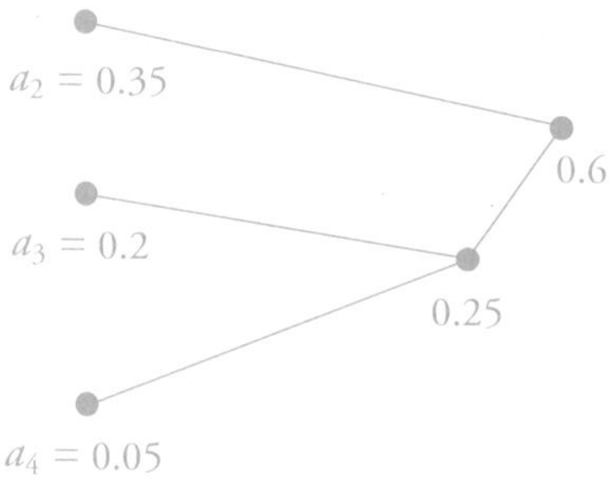

Step 3. 위의 과정을 반복하고, 확률의 합이 1이 되면 중단한다($a_1 = 0.4$).

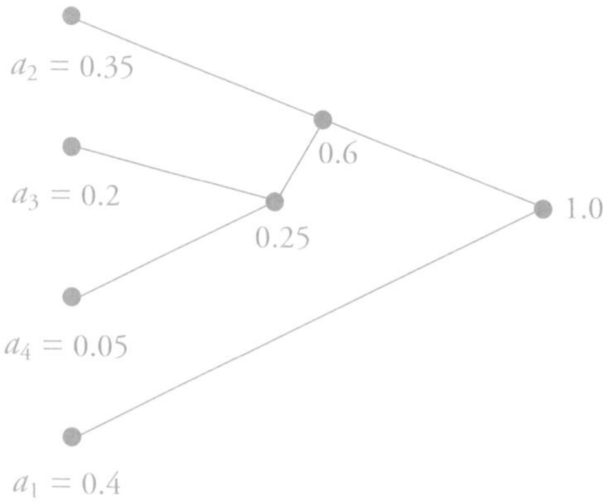

Step 4. 이렇게 얻어진 그래프는 이진 트리, 즉 그래프의 각 점에서 나오는 선edge이 2개이다. 이 이진 트리의 확률이 1인 점을 뿌리root라고 하는데, 뿌리에서 나오는 2개의 선 중에서, 작은 확률로 가는 선은 1, 큰 확률로 가는 선은 0을 할당한다.

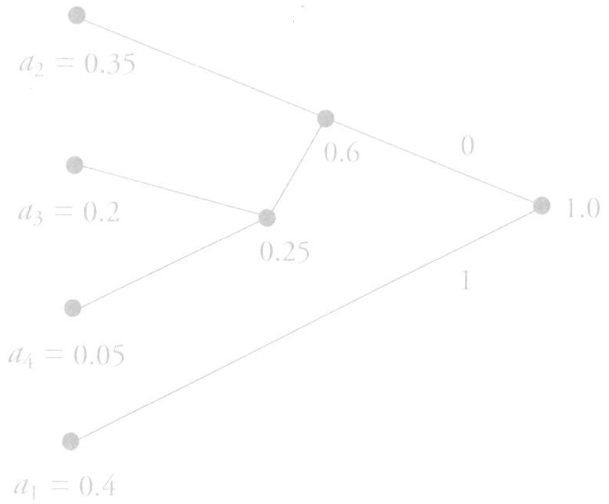

Step 5. 위의 과정을 반복한다.

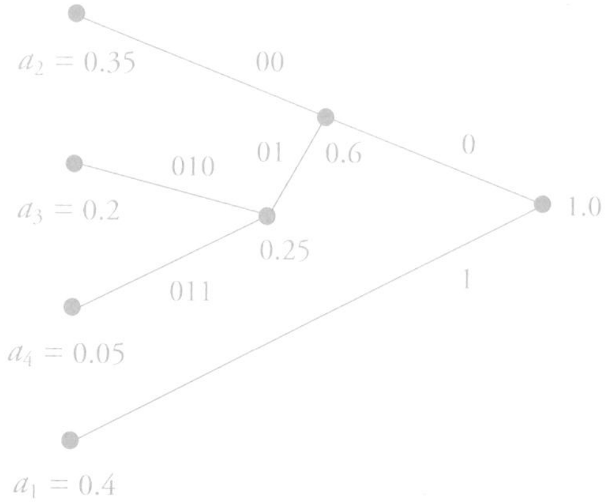

Step 6. 이 결과를 최종 정리하면 다음과 같다:

$a_1 = 1$

$a_2 = 00$

$a_3 = 010$

$a_4 = 011$

코딩한 결과, 부호어의 길이는 1이거나, 2이거나, 3입니다. 3일 때의 확률은 굉장히 작습니다. 만들어진 허프만 코드 $C = \{1, 00, 010, 011\}$에서 부호어의 기대 길이는 $1 \times 0.4 + 2 \times 0.35 + 3 \times 0.2 + 3 \times 0.05 = 1.85$입니다. 2비트도 안 되니 전송 속도가 더 빠를 것입니다.

같은 방식으로, 아래의 문제를 위의 이진 트리 그림을 참고해서 각자 풀어봅시다.

문제 : 7개의 기호를 가진 메시지 집합 $S = \{a, b, c, d, e, f, g\}$가 확률분포 $\{0.05, 0.1, 0.55, 0.05, 0.1, 0.1, 0.05\}$를 가질 때, 가장 효율적인 인코딩 방법은 무엇인가?

허프만 코딩에 따르면 결과는 다음과 같습니다.

$c = 0$

$f = 11$

$e = 101$

$b = 1001$

$g = 10001$

$d = 100001$

$a = 100000$

여기서 부호어의 기대 길이는 $1\times0.55 + 2\times0.1 + 3\times0.1 + 4\times0.1 + 5 \times 0.05 + 6 \times 0.05 + 6 \times 0.05 = 2.3$입니다.

허프만 코딩은 심각한 수학이 아니면서도, 굉장한 효율성을 가져다주는 수학을 보여줍니다. 허프만 코딩은 컴퓨터 속에 저장된 수많은 사진을 zip파일로 데이터 용량을 대폭 줄이고, 압축하는 코딩 방식인 것입니다.

이처럼 코딩 이론은 20세기 문명을 뒤바꾼 IT시대에 매우 중요한 요소 중 하나가 되었습니다. 이렇게 단순한 수학으로도 세상을 바꾸는 데 기여할 수 있다는 것이 놀랍지 않은가요?

박형주

수학자

코딩 이론 : 소통의 수학 이론 1부

2부 **확률의 세계와 비둘기집 원리 :** 경우의 수를 찾아라

프랙탈
: 무질서의 세상에서 건져낸 질서 3부

4부 **수학자와 함께하는 상상초월 토크 콘서트**

수학자 망델브로는 '깨진 조각'이라는 뜻의 라틴어에서 유래한 프랙탈(fractal) 개념을 발전시켰다. 이 단어는 이제 일상어가 되어 경제학이나 미술 등 전혀 다른 분야에서도 널리 사용된다. 프랙탈 개념은 겨울날의 눈송이 모양이나 금융시장의 불규칙한 가격 변동 등을 하나의 수학 이론으로 설명한다. 이토록 다른 일들이 연결되는 까닭은, 확대해서 들여다보아도 같은 모양이 되풀이된다는 공통점 때문이다.

3부

프랙탈

무질서의 세상에서 건져낸 질서

코딩 이론과 비둘기집 원리가 조합론, 확률, 통계와 관련되었다면 프랙탈은 미적분과 관련됩니다. 이 장에서는 프랙탈과 함께 약간의 미적분과 복소수를 다룰 예정입니다. 고등학교에서는 복소수를 아주 단순하게만 다루지만 여기에서는 복소수를 조금이나마 더 잘 이해할 수 있도록 한 발짝 더 깊이 들어가보도록 하겠습니다.

복소수는 영어로 'complex number'라 불리는데, 실수부와 허수부로 이루어져 있는 수를 말합니다. 허수는 영어로 'imaginary number', 다시 말해 존재하는 수가 아니라 상상의 수라는 뜻입니다. 존재하는 것만 해도 세상은 충분히 복잡한데, 수학자들은 왜 존재하지 않는 수까지 다루는 걸까요? 이 장의 뒷부분에 접어들게 되면 아마도 허수의 도입으로 우리가 무엇을 얻었는지에 대해 학생들도 조금은 이해할 수 있게 될 것으로 생각합니다.

프랙탈의 개념과 역사

프랙탈fractal이라는 단어를 제안하고 그 개념을 정립하는 데 크게 기여한 수학자는 브누아 망델브로Benoit Mandelbrot입니다. 이 단어는 '깨진 조각'이라는 뜻의 라틴어 'fractus'에서 유래했는데, 아무도 관심 두지 않던 이 생소한 단어가 이제는 일상어가 되어 경제학이나 미술과 같이 전혀 다른 분야에서도 많이 사용되고 있습니다.

일종의 기하학으로 볼 수 있는 이 프랙탈 개념은 전통적인 기하학과 상당히 다른데, 불규칙적이고 혼란스러운 현상의 배후에 있는 규칙을 다루는 것으로 볼 수 있습니다. 이 개념이 제안된 것은 꽤 되었지만 수학자들에게서 광범위하게 받아들여지게 되는 데에는 상당한 시간이 걸렸습니다. 처음 망델브로가 무

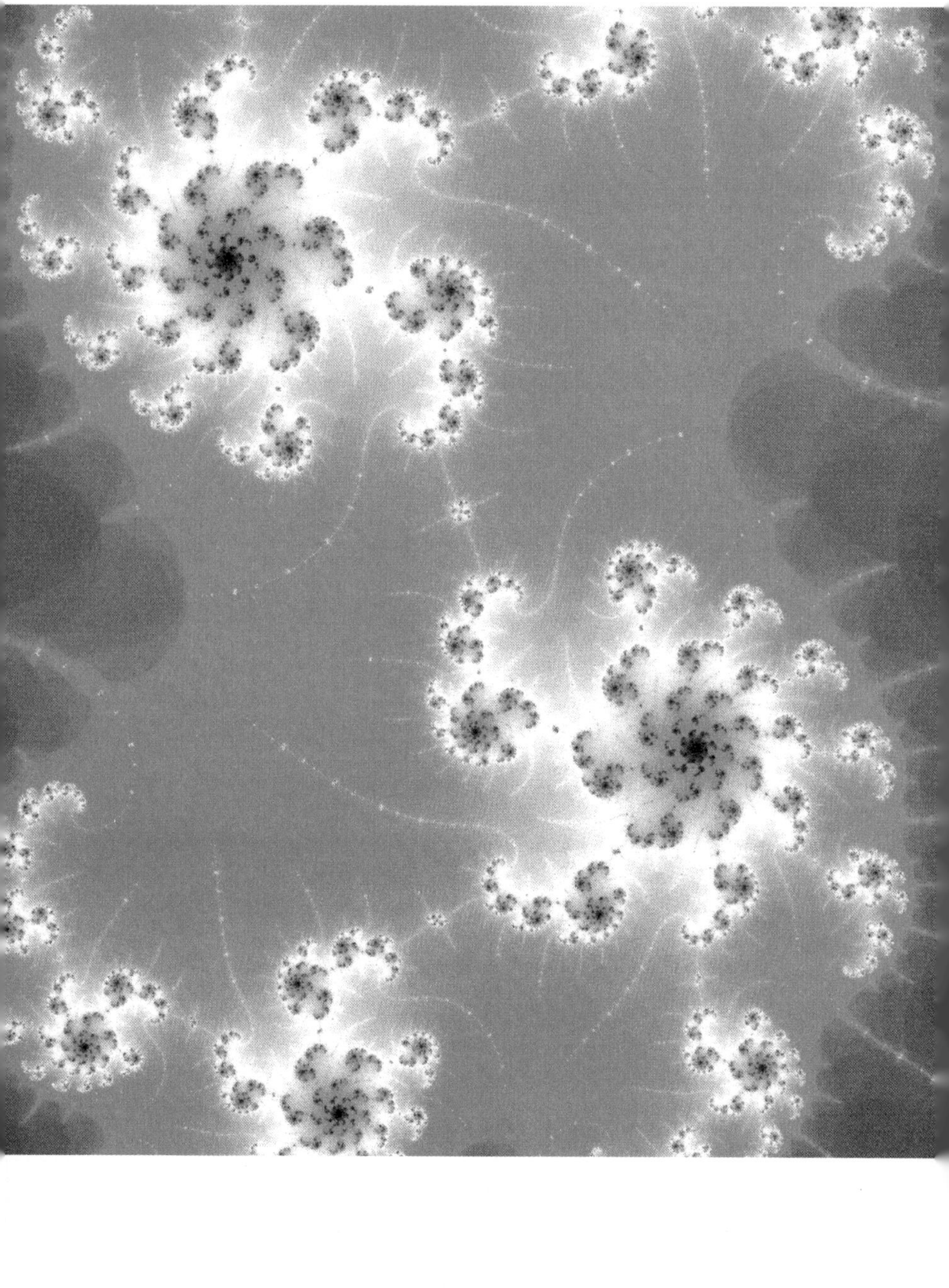

질서한 현상의 이면에서 찾을 수 있는 정제된 규칙에 대해 주장했을 때 그가 작은 일탈 현상을 과장한다고 비판하는 수학자들도 많았습니다.

망델브로의 통찰력은 겨울날의 눈송이snowflake 모양이나 금융시장의 불규칙한 가격 변동을 하나의 수학 이론으로 설명하는 데에서 빛을 발했습니다. 눈송이(눈꽃) 모양과 주식값의 상승과 하강을 같은 현상으로 본 것입니다. 망델브로는 이들 현상에서 확대해서 들여다봐도 같은 모양이 되풀이된다는 공통점을 꿰뚫어보았습니다. 눈송이를 고해상도 사진으로 찍은 다음 사진을 점점 확대해서 보면 그 안에 다시 같은 모양의 작은 눈송이가 보이고, 이것을 또 확대해서 보면 그 안에 또 다시 같은 모양의 작은 눈송이가 보입니다. 프랙탈 개념은 아무리 반복해서 확대해도 여전히 같은 모양이 반복되는 것에서 등장했습니다. 망델브로는 여러 자연현상을 통찰력 있는 시선으로 바라보고, 굉장히 많은 곳에서 비슷한 현상이 나타난다는 것을 알아챘습니다.

하늘에서 찍은 해안선의 사진을 보세요. 어느 해안선이든, 해안선 사진을 확대해보면 원래의 모습과 다를 바 없어 보입니다. 더 확대해도 여전히 불규칙한 모양이지만 유심히 보면 불규칙이 규칙적으로 반복되는 순환성을 보여줍니다. 해안선은 불규칙의 규칙성을 갖는 프랙탈의 대표적인 예입니다.

인체의 혈관도 마찬가지입니다. 큰 혈관으로 대동맥이 있고, 이 혈관은 좀더 작은 혈관으로 갈라집니다. 이 혈관들을 다시 확대해서 보면 거기서도 또 작은 혈관으로 갈라집니다. 큰 혈관에서 작은 혈관으로 갈라지는 구조가 계속해서 반복되는 것입니다. 당연히 프랙탈을 공부하는 의학자들도 나타날 수밖에 없습니다. 비단 혈관뿐 아니라 우리 뇌의 주름도 프랙탈 구조를 띱니다. 뇌 주름의 일부분을 계속 확대해나가면 구조가 계속 반복되어서 나타나는 것을 알 수 있습니다.

이처럼 확대를 거듭해도 비슷한 모양이 나오는 프랙탈의 성질을 자기유사성self-similarity 혹은 자기반복성이라고 합니다. 왜 인체의 혈관이나 뇌의 주름은 이런 반복성을 띠는 것일까요? 혈관이 프랙탈 구조가 아니라 그냥 몇 개의 큰 혈관만 있는 구조라면 어떨까요? 우리 몸의 세포가 제 기능을 하려면 몸 속의 피가 우리 몸 구석구석에 자리 잡은 모든 세포에 영양분을 공급해야 합니다. 큰 혈관으로 크게 영양분을 전달하고, 그 다음에 작은 혈관으로 전달하고, 그 다음에 더 작은 혈관으로 전달해야 실제 세포에까지 영양분이 갈 수 있습니다. 큰 혈관만으로 곤란합니다. 그래서 혈관의 총 길이를 합하면 몇 킬로미터가 넘습니다. 혈관은 긴 혈관에 작은 혈관, 그보다 작은 혈관으로 계속 이어지

는데, 이렇게 하면 길이를 최대한 길게 할 수 있습니다. 이것이 바로 프랙탈 구조가 지닌 가장 두드러진 특징입니다.

복잡하기로 유명한 한국의 남해안 해안선의 일부분의 경우 어떤 한 점 A와 또 다른 한 점 B의 직선거리는 5km이지만 구불구불한 길이까지 다 합치면 1000km도 넘는다고 합니다. 이처럼 해안선이 프랙탈 구조를 띠면 물이 닿는 면이 굉장히 넓어지고 물의 힘이 분산됩니다.

프랙탈 구조는 작은 길이를 굉장히 큰 길이로 만들 수 있는 최적의 구조입니다. 한정된 공간 속에 들어가 있는 우리의 뇌 주름도 뇌세포를 더 많이 집어넣기 위해 프랙탈 구조를 띠게 된 것이라고 유추할 수 있습니다.

프랙탈과 차원

선은 1차원, 면은 2차원, 공간은 3차원입니다. 그런데 프랙탈을 공부하면, 1.6차원, 1.27차원과 같은 차원을 애기하게 됩니다. 4차원만 해도 정신이 없는데 소수점이 붙은 차원은 도대체 무엇일까요? 이 특이한 차원은 프랙탈 개념에서 나오는데, 동일한 구조가 반복되는 정도를 프랙탈 차원이라고 합니다.

해안선은 선이니까 1차원입니다. 그런데 특이한 1차원입니다. 프랙탈 차원은 1차원을 넘기 때문입니다. 1.67차원 정도 됩니다. 서해안의 프랙탈 차원이 동해안의 프랙탈 차원보다 더 높은 까닭은 동해안의 해안선이 더 밋밋하고 반복되는 정도가 작기 때문입니다. 반면 서해안의 해안선은 굉장히 복잡합니다. 뭉게구름을 자세히 들여다보면 프랙탈 구조인 것을 확인할 수 있습니다. 구름의 일부분을 반복하여 확대해보면, 다시 비슷한 구름 모양을 볼 수 있습니다. 이런 뭉게구름의 프랙탈 차원은 1.35차원 정도 됩니다.

그러면 뇌 주름의 프랙탈 차원은 어느 정도일까요? 뇌에는 큰 주름이 있고, 그 안에 작은 주름이 있습니다. 그 작은 주름을 다시 확대해보면 큰 주름과 비슷합니다. 뇌의 프랙탈 차원은 2.72차원 정도로 뭉게구름 프랙탈 차원보다 더 큽니다. 여기서 프랙탈 차원이 높다는 것은 같은 공간에 더 많은 것을 넣었다는 것을 뜻합니다. 이는 뇌는 일부분을 조금만 확대해보아도 비슷한 모양이 나오고, 또 나오고, 더 자주 나온다는 뜻입니다. 그래서 얼굴이 작은 사람들은 뇌의 프랙탈 차원이 더 높다는 얘기도 있습니다. 비슷한 뇌를 더 좁은 공간에 넣은 것이니 말입니다. 수학적으로 본다면 아주 효율적인 뇌인 셈입니다.

혈관 구조의 프랙탈 차원도 사람마다 차이가 있습니다. 건강

브누아 망델브로 Benoit Mandelbrot, 1924~2010

'프랙탈의 대부'로 불리는 브누아 망델브로는 폴란드 바르샤바 출신으로, 생애의 대부분을 프랑스와 미국에서 보낸 수학자다. 현재 수학, 경제학, 물리학, 정보과학, 생물학, 디지털아트에 심대한 영향을 미치고 있는 프랙탈 기하학은 망델브로의 한 논문에서부터 시작했다. 「영국의 해안선은 얼마나 길까? How long is the Coast of Britain?」(1967)라는 논문이다. 망델브로는 이 논문에서 프랙탈과 차원에 대해 흥미로운 수학 이론을 제시한다. 그에 따르면 영국의 해안선 길이는 아무리 정교하게 계산한다 할지라도 그 누구도 정확한 답을 알 수 없다. 계산이 세밀해질수록, 즉 측정 단위가 작아질수록 해안선의 길이는 더욱 커진다.

1979년에는 특이한 줄리아 집합의 일종인 '망델브로 집합'을 발견함으로써, 프랙탈 기하학에 대한 학계의 관심을 이끌었다. 당시 망델브로는 잠시 하버드 대학에 머무르고 있었는데, 그가 붙들고 있던 연구 주제는 x와 c가 둘 다 복소수인 x^2+c라는 함수였다. 슈퍼미니 컴퓨터로 프로그래밍해서 기하학적 모양을 살펴보던 어느 날 망델브로는 풍뎅이처럼 보이는 독특한 모양을 얻었다. 신기한 것은 그 풍뎅이 그림에 포함된 얼룩을 확대해보았더니 같은 형태의 풍뎅이 그림이 나타났다는 사실이다. 부분이 전체를 닮은, 자기유사성이 반복되어 나타나는 구조였다. 프랙탈이 어떻게 만들어졌는지, 왜 중요한지에 대한 망델브로의 생각들은 그의 유명한 책 『자연의 프랙탈 기하학 *The Fractal Geometry of Nature*』(1982)에 자세히 나와 있다.

한 사람들이 혈관 질환을 앓는 사람들보다 혈관 구조의 프랙탈 차원이 더 높은 편입니다. 혈관 구조의 프랙탈 차원이 높으면 양분을 훨씬 더 빠르게 멀리 전달할 가능성이 높기 때문입니다.

칸토어와 무한

프랙탈의 예 중에서 역사가 오래되고 잘 알려진 예는 '칸토어의 먼지(Cantor dust, 여기선 편의상 '칸토어 더스트'로 지칭하겠습니다)'입니다. 칸토어 더스트는 집합론의 창시자이자, 무한 집합의 개념을 정립한 독일 수학자 게오르크 칸토어Georg Cantor(1845~1918)가 고안한 집합입니다. 이 칸토어 더스트를 이해하려면 '무한'이라는 개념을 짚고 넘어가야 합니다.

이 '무한'이라는 개념은 아주 오랫동안 수학자들을 괴롭혔습니다. 도대체 무한이라는 것은 무엇일까요? 이해하기 힘들기도 하지만, 수학적 엄밀성을 가지고 설명하는 건 도대체 엄두가 안 나는 개념으로 여겨졌습니다. 오늘날의 고등학교에서 미적분을 가르치면서 무한의 개념을 다루기는 하지만, 그 개념을 제대로 설명한다고 볼 수는 없습니다. 구렁이 담 넘어가듯이 살짝 넘어가거나, 그냥 모른 척하고 넘어간다고 하는 편이 맞습니다. [19]

게오르크 칸토어

세기의 칸토어가 거의 완벽하게 무한의 개념을 정리했지만 이를 고등학생들에게 설명하기란 쉬운 일이 아니기 때문입니다. 대학에서 미적분을 가르치면서도 비슷한 방식을 택하는 경우도 있습니다. 이 장에서도 무한 개념을 엄밀하게 다루기는 힘들지만 적어도 학생들에게 생각할 거리를 던져보고자 합니다.

고등학교에서 무한을 다룰 때 "n이 점점 0에 가까워진다"라는 말을 $\lim_{n\to0}$라는 기호로 표현했던 것을 기억할 것입니다. "k가 무한히 커지면 $\frac{1}{k}$의 극한limit은 0"이라는 말도 나오죠. 여기서 과연 무한은 무엇이고 극한은 무엇일까요? n이 무한히 커져서 $\frac{1}{n}$이 아무리 0에 가까워져 간다고 해도 다시 확대해보면 0에서 멉니다. "점점 가까워진다"라거나 "충분히 가깝다"라거나 하는 말은 엄밀하지 않은 말임을 금방 알 수 있습니다. 정말 상대적인 말이죠. 얼마나 가까우면 충분히 가깝죠? 그래서 우리는 가깝다고 하는 모호하고 상대적인 표현을 논쟁의 여지없이 엄밀하게 정의해야 할 필요를 깨닫게 됩니다.

여러분이 무한과 극한의 개념을 배울 때 모호하다는 인상을 받았다면, 그건 올바르게 관찰한 것입니다. 무한과 극한이라는 개념은 몇 세기 동안 그 모호성으로 수학자들을 괴롭혔는데, 특출한 수학자였던 칸토어는 이를 굉장히 독창적인 방식으로 엄밀하게 정리했습니다.

칸토어 더스트

폐구간 $C_0 = [0, 1]$에서 출발하겠습니다. 1단계에서 전체 구간을 3등분하고, 그 중간 부분을 빼는 행위를 계속 반복했을 때 칸토어 더스트 'C'를 얻는다고 해봅시다. 이때 C의 길이는 얼마일까요?

1. 처음은 폐구간 [0, 1]에서 시작한다.
2. [0, 1] 구간을 3등분한 후, 가운데 개구간 $\left(\frac{1}{3}, \frac{2}{3}\right)$를 뺀다. 그러면 $[0, \frac{1}{3}] \cup [\frac{2}{3}, 1]$이 남는다.
3. 두 폐구간 $[0, \frac{1}{3}] \cup [\frac{2}{3}, 1]$에서 각각의 가운데 개구간을 뺀다. 그러면 $[0, \frac{1}{9}] \cup [\frac{2}{9}, \frac{1}{3}] \cup [\frac{2}{3}, \frac{7}{9}] \cup [\frac{8}{9}, 1]$이 남는다.
4. 계속해서 반복한다.

우선 구간을 3등분하고 가운데를 빼는 행위를 계속하면, 집합들의 수열이 생깁니다.

$$C_0 = [0, 1]$$
$$C_1 = [0, \frac{1}{3}] \cup [\frac{2}{3}, 1]$$
$$C_2 = [0, \frac{1}{9}] \cup [\frac{2}{9}, \frac{1}{3}] \cup [\frac{2}{3}, \frac{7}{9}] \cup [\frac{8}{9}, 1])$$

이렇게 C_0, C_1, C_2, C_3, C_4, C_5, C_6,⋯ 라는 집합들의 수열이 생깁니다. 이 수열 C_n의 극한을 생각해볼까요? 물론 이 극한 C도 집합일 텐데 이를 가르켜 칸토어 더스트라고 합니다. 왜 먼지일까요? 나중에 얻어진 것은 뭔지 몰라도 거의 점들일 것입니다. 즉 극한이 점들입니다. 이 먼지들은 상당히 특이한 구조, 즉

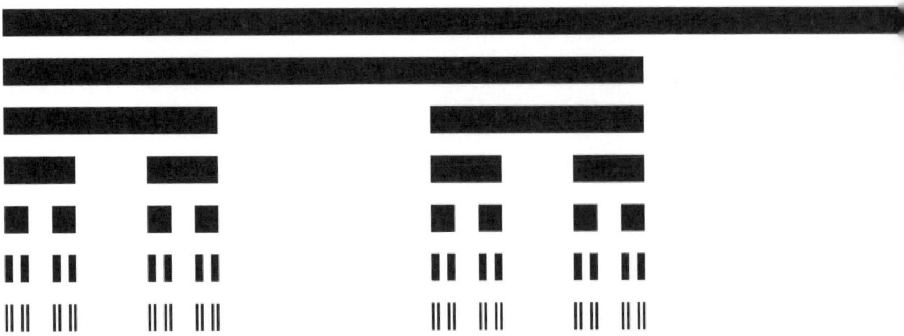

[그림 3-1] 칸토어 더스트

프랙탈 구조를 가집니다. 어떤 부분을 확대해봐도 비슷한 것이 반복되는 구조가 생기는 것입니다. 마지막에 얻은 점들은 아주 미세한 점들일 텐데, 신기한 것은 이것이 무한집합이라는 사실입니다. 또 여기서 얻은 칸토어 더스트는 무한히 많고, 셀 수 없는uncountable 집합입니다. 따라서 셀 수 있는 유리수 집합보다 더 큰 집합입니다. 물론 무한히 많고 셀 수 없는 집합이라는 것을 증명할 수 있습니다.

고등학교에서는 '셀 수 있는 집합'과 '셀 수 없는 집합'이라는 개념을 정확히 가르치지 않지만 조금만 생각해보면 이 둘을 구분할 수 있습니다. 이미 여러분은 그 예를 알고 있습니다. 자연수와 일대일대응이 되는 집합은 셀 수 있는 집합입니다. 당연히 자연수는 셀 수 있는 집합이고, 정수도 셀 수 있는 집합입니다. 가령 1은 1로, 2는 0으로, 3은 −1로, 4는 2로, 5는 −2로… 계속

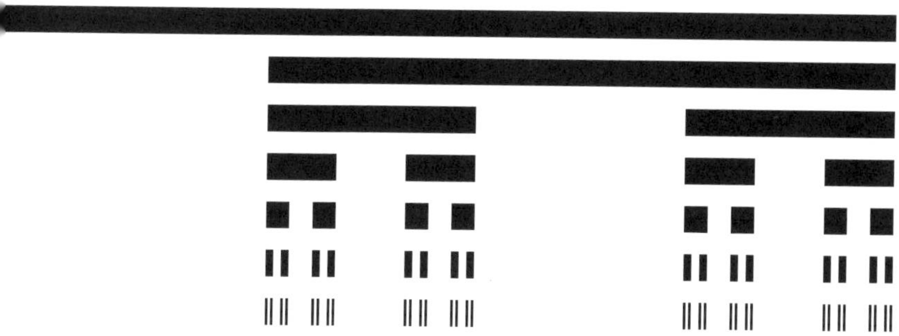

왔다 갔다 연결시키면 하나도 빠지지 않고 자연수와 정수를 일대일로 대응시킬 수 있습니다. 상식적으로 정수가 자연수보다 더 큰 집합처럼 여겨지지만 일대일 대응이 되기 때문에, 셈의 관점에서 보면 자연수 집합과 정수 집합은 같은 크기의 집합입니다. 셈의 관점에서 본다는 것은 일대일 대응이 되느냐 안 되느냐를 보는 것이라고 생각하면 됩니다.

여기서 질문을 하나 던져보겠습니다. 유리수 집합과 자연수 집합이 있을 때, 셈의 관점에서 보면 두 집합의 크기는 같을까요, 아니면 다를까요? 답은 "같다"입니다. 셈의 관점에서 보면 유리수 집합과 자연수 집합도 크기가 같습니다. 유리수는 자연수와 일대일로 대응시킬 수 있습니다. $\frac{3}{4}$, $-\frac{1}{5}$, $\frac{2}{7}$ 등 온갖 유리수가 있지만, 하나도 빠짐없이 유리수는 자연수와 일대일 대응이 되는 집합을 적어도 한 개는 찾을 수 있습니다. 그러면 실수는 자연수와 일대일 대응이 될까요? 실수는 자연수와 일대일로 대응하는 함수를 단 하나도 찾을 수 없습니다. 그래서 우리는 실수를 '셀 수 없는 집합'이라고 부릅니다.

이 이야기를 처음 듣는 학생이라면 무한집합 이야기가 무척 이상하고 낯설게 여겨질 겁니다. 유리수, 실수는 둘 다 무한집합인데, 유리수는 셀 수 있는 무한집합이고 실수는 셀 수 없는 무한집합이라는 얘기이니 말입니다.

부연 설명을 하자면, 유리수는 $\frac{1}{2}$을 0.5로, $\frac{3}{4}$을 0.75로 바꿀 수 있는 것처럼 소수점 이하까지 표현하면 유한소수나 한없이 반복되는 무한소수로 바꿀 수 있어서 자연수와 일대일 대응을 만들 수 있습니다. 그런데 실수는 그렇지 않습니다. 반복되지 않는 실수가 많습니다. $\sqrt{2}$ 같은 것도 소수로 표현하면 반복되지 않는 무한소수입니다. 이것 때문에 일대일 대응을 만들 수 없습니다.

칸토어 더스트 집합도 무한히 많은 점들의 집합입니다. 언뜻 셀 수 있을 것 같아 보이지만, 실제로는 셀 수 없는 집합입니다. 이것도 신기한 구조를 지닙니다. 다시 문제로 돌아가보겠습니다. C의 길이는 얼마일까요? 원래의 길이는 1이었습니다. 그 다음은 $\frac{2}{3}$, 그 다음에는 $\frac{2}{9}$가 빠지니까 $\frac{4}{9}$입니다. 길이는 단계가 아래로 내려갈 때마다 직전 단계 길이의 $\frac{2}{3}$가 됩니다. 그러니까

$1, \frac{2}{3}, \frac{4}{9}, \frac{8}{27}$…처럼 계속 $\frac{2}{3}$씩 곱해나가는 식이 됩니다. 그래서 원래 길이가 1이지만 무한으로 보내면 당연히 0으로 갑니다.

1보다 작은 수를 계속 반복해서 곱하면 0으로 가는 것입니다. 그래서 '칸토어 더스트'의 길이는 0입니다. 그런데도 셀 수 없습니다. 일반적으로 길이가 0보다 큰 집합들은 절대로 셀 수가 없는데, 이 경우는 길이가 0인데도 셀 수가 없습니다. 정확하게 말한다면, 칸토어 더스트 집합 *C*에서 0과 1사이의 모든 실수들의 집합인 [0, 1]로 가는 전사함수onto function or surjective function((함수 *f*가 f:X→Y 라고 정의된 경우 Y의 모든 원소가 *f*에 의해 대응되어 치역과 공역이 같은 함수)를 만들 수 있기 때문입니다. 이러한 함수를 구축하는 것은 상당히 난해하므로 학생들이 고민해볼 숙제로 남기기로 하고, 일단 *C*는 셀 수 없음을 받아들이기로 합시다.

폐구간 [0,1]의 길이는 1입니다. 이때 자연수 길이의 집합은 얼마일까요? 점들 하나하나의 길이가 0입니다. 길이가 0인 것을 합하니 폐구간의 길이가 0이라고 하면 맞는 말일까요, 틀린 말일까요? 자연수 집합의 길이가 0인 건 맞습니다. 하지만 이렇게 설명하는 것만으로는 불충분합니다. 0과 1 사이에 있는 실수들을 다 합하면, 그것의 길이는 1입니다. 그러나 자연수 집합을 다 더하는 것은 사정이 조금 다릅니다. 0을 무한히 합하면 뭘까요? 이런 건 좀 애매합니다. 0을 무한히 더하면 이상한 것이 될 수 있기 때문입니다.

예컨대 계속 $\frac{1}{2}-\frac{1}{2}+\frac{1}{2}-\frac{1}{2}+\frac{1}{2}-\frac{1}{2}+\cdots$ 식으로 더한다고 해봅시다. 처음부터 두 개씩 쌍으로 묶어서 $\left(\frac{1}{2}-\frac{1}{2}\right)+\left(\frac{1}{2}-\frac{1}{2}\right)+\left(\frac{1}{2}-\frac{1}{2}\right)+\cdots$ 라고 보면 합이 0입니다. 하지만 두 번째 $-\frac{1}{2}$부터 쌍으로 묶어서 $\frac{1}{2}+\left(-\frac{1}{2}+\frac{1}{2}\right)+\left(-\frac{1}{2}+\frac{1}{2}\right)$로 보면 합이 $\frac{1}{2}$이 됩니다. 그러므로 $\frac{1}{2}-\frac{1}{2}+\frac{1}{2}-\frac{1}{2}+\frac{1}{2}-\frac{1}{2}+\cdots$ 의 합은 존재하지 않습니다. 어떻게 더해가든 합은 유일해야 하기 때문입니다. 그러므로 $a_n=(-1)^n\frac{1}{2}$ 일 때 $\sum_{n=1}^{\infty}a_n$은 답이 존재하지 않습니다. 합한 방식에 따라 답이 다르게 나오기 때문입니다. 이처럼 무한이라는 개념은 너무나 신기합니다. $a_n=(-1)^n\frac{1}{2}$ 의 무한수열을 합하면 무한급수의 해가 존재하지 않게 되는 것입니다. 무한한 합이 존재하려면 그 값이 어떤 방식으로 계산하던지 같아야 합니다. 그것이 첫 번째 조건입니다.

그러면 자연수 집합의 길이가 각각 0일 때 이것들을 무한히 더하면 뭐가 될까요? 어쨌거나 자연수는 조밀하지 않기 때문에 그것들을 다 합하면 크기가 0입니다. 셀 수 있는 것들은 다 크기가 0입니다. 0과 1 사이에 유리수는 무한히 많지만 그 유리수들의 집합의 크기는 여전히 0입니다.(칸토어는 셀 수 있는 무한을 알레프0, 즉 $\aleph_0$로 표기했습니다. $\aleph_0$의 집합 크기는 0입니다.) 그런데 0과

1 사이 실수를 다 합하면, 0과 1 사이 실수의 집합의 크기는 1입니다.(실수는 셀 수 없는 무한집합으로 $\aleph_1$인 집합입니다. $\aleph_1$의 집합 크기는 1입니다.) 그래서 집합 크기가 0보다 큰 집합들은 절대로 셀 수가 없습니다.

이런 간단한 예만 봐도 무한이라는 것을 다루다 보면 참으로 이상한 일이 일어날 수 있음을 알 수 있습니다. 집합을 센다는 것은 우리가 생각했던 것보다는 훨씬 어렵고 다루기 힘든 일입니다.

문제 : C의 길이는?

답 : 0

l 단계에서의 길이 $|C_l|$은 $\left(\frac{2}{3}\right)^l$이므로, $|C_l| = \lim_{l \to \infty}\left(\frac{2}{3}\right)^l = 0$

문제 : $\frac{1}{4}$은 어떤 단계에서부터는 C_l에 속하지 않지만, 궁극적으로 얻어지는 칸토어 더스트 C에 들어감을 보여라.

문제 : 칸토어 더스트 C는 조밀함을 보여라. 즉 C의 임의의 점 a를 잡아도, 또 어떤 작은 수 ε를 잡아도, 개구간 $(a-\varepsilon, a+\varepsilon)$에 C의 또 다른 점이 반드시 포함된다.

그림 3-1에서 $\frac{1}{3}$은 과연 칸토어 더스트의 마지막에 들어갈까요, 들어가지 않을까요? 자세히 보면, 첫 번째 집합에 $\frac{1}{3}$이 있습니다. 두 번째 집합에도 $\frac{1}{3}$이, 세 번째 집합에도 $\frac{1}{3}$이, 네 번째 집합에도 $\frac{1}{3}$이 들어 있습니다. 즉 무한히 단계를 내려가도, 모든 C_l에 $\frac{1}{3}$이 들어 있으므로 극한에도 들어 있습니다. $\frac{2}{3}$도 모든 C_l에 들어 있습니다. 극한에, 즉 칸토어 더스트에 분명히 $\frac{1}{3}$, $\frac{2}{3}$가 들어 있습니다. 그러면 $\frac{1}{4}$은 어떨까요? $\frac{1}{4}$은 어느 단계에서부터는 C_l에 속하지 않게 됩니다. 그러면 극한에서는 어떨까요? 극한에서는 $\frac{1}{4}$이 들어갑니다. 이처럼 극한이란 녀석은 이상한 짓을 합니다. 우리는 유한한 것에 익숙해져 있기 때문에, 이렇게 무한한 것을 다루려고 하면 혼란을 겪게 되는 것입니다.

그러면 어떻게 해서 $\frac{1}{4}$은 어떤 단계에서부터는 C_l에 속하지 않지만, 극한에서는 들어가는 것일까요? 게다가 마지막 극한 집합은 조밀하다는 것은 무엇일까요?

대개들 유리수의 조밀성denseness을 다루면서 조밀하다는 것의 의미를 배우게 됩니다. 예컨대 어떤 두 유리수 사이에 반드시 또 다른 유리수가 있습니다. 이때 우리는 유리수는 조밀하다고 말합니다. 마찬가지로 칸토어 더스트도 조밀합니다. 이는 두 개의 칸토어 더스트 사이에는 또 다른 칸토어 더스트가 반드시 있

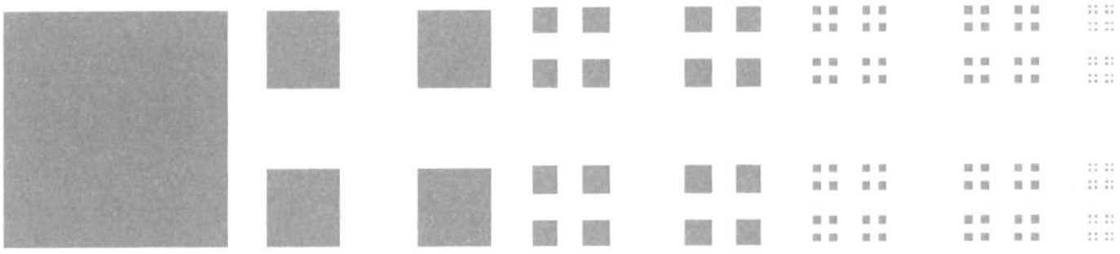

칸토어 더스트는 유리수처럼 조밀성을 보인다. 어떤 칸토어 더스트 α를 잡아도, 또 어떤 작은 수 ε를 잡아도, 구간 안에는 또 다른 칸토어 더스트가 무조건 있다.

다는 뜻입니다. 또 유리수가 조밀하다는 것은 임의의 실수를 유리수들로 근사시킬 수 있다는 것을 의미합니다.

실수 선real line이 있다고 해봅시다. 여기에서 임의의 실수를 잡는다고 할 때, 임의의 실수는 유리수들의 수열로 무한하게 근접시킬 수가 있습니다. 임의의 실수는, 가령 1.2761532처럼 소수로 쓸 수 있습니다. 무리수 π는 3.141592…로 나타낼 수 있는데 이것을 유리수들의 수열로 만들어보면, 3, 3.1, 3.14, 3.141, 3.1415…식이 됩니다. 지금 이 유리수들의 수열은 무리수 π에 가까이 갑니다. 이처럼 유리수로만 된 수열의 극한이 무리수가 되는 경우가 항상 있습니다. 이게 유리수의 조밀성입니다.

칸토어 더스트도 유리수처럼 조밀성을 보입니다. 어떤 칸토어 더스트 a를 잡아도, 또 어떤 작은 수 ε를 잡아도, $(a-\varepsilon, a+\varepsilon)$ 구간 안에는 또 다른 칸토어 더스트가 무조건 있습니다.

기하학적인 접근

여기까지는 프랙탈을 수학적으로 접근한 것이었습니다. 수로 하면 머릿속에 뚜렷하게 자리 잡지 않을 수 있습니다. 이제부터는 그림을 갖고 기하학적으로 접근해보기로 하겠습니다.

그림으로든 사진으로든 눈송이의 결정을 보았을 것입니다. 스웨덴 수학자인 헬게 폰 코흐Helge von Koch(1870~1924)의 이름을 딴 '코흐의 눈송이'도 눈송이의 형태를 지니고 있으면서 프랙탈 구조를 띠는 눈송이입니다. 수학의 곡선으로 가장 처음에 나온 프랙탈 도형 중의 하나입니다. 코흐 눈송이는 코흐 곡선koch curve이라고도 합니다. 코흐 곡선은 1904년 코흐의 논문 「기초적인 기하학적 구조에 의해 얻어진 접선이 없는 연속 곡선Sur une courbe continue sans tangente, obtenue par une construction géometrique élémentaire」에 처음 등장했으며, 다음과 같이 만듭니다.

[그림 3-2]

1. 정삼각형을 그린다.

2. 각 변을 3등분해서, 한 변의 길이가 이 3등분의 길이와 같

은 정삼각형을 붙인다.

3. 위의 과정을 무한히 반복한다.

그림으로 좀더 자세히 설명하면, 정삼각형 S_0이 주어졌을 때, S_0의 각 변을 아래처럼 4개의 작은 선분으로 바꾸는 것입니다. 각각의 작은 선분은 원래 변 길이의 $\frac{1}{3}$ 입니다.

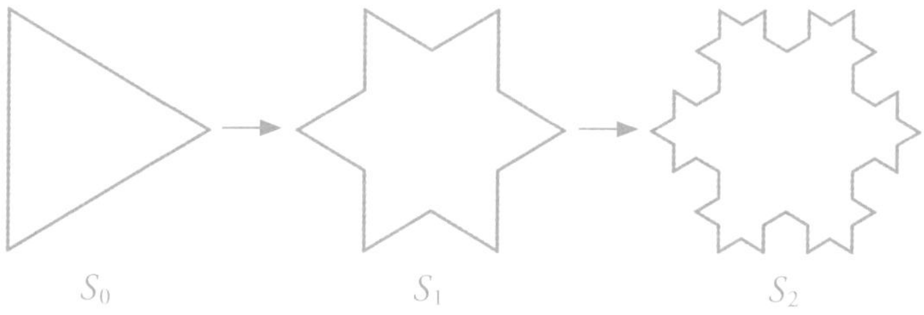

[그림 3-3]

이런 선분 교체를 계속 반복하다보면, S_0으로부터 두 번째 도형인 S_1을 얻습니다. 이 과정을 반복하면 S_1으로부터 세 번째 도형인 S_2를 얻습니다. 이 과정을 계속 반복하면 그 극한이 '코흐의 눈송이'입니다. 왜 프랙탈일까요? 하나의 선분을 계속 확대해보면 거기서도 계속 같은 모양이 반복됩니다. 100배, 1000배, 10000배 확대해도 계속 같은 모양이 반복됩니다.

이제 여기서 약간의 수학, 약간의 컴퓨터 프로그래밍을 섞어보겠습니다. 그림 3-2처럼 하나의 선분을 4개의 선분으로 바

[그림 3-4] 코흐 눈송이

꾸는 과정을 반복하면 얼마 뒤에는 눈송이 모양의 도형을 얻습니다. 이 반복 과정은 간단한 컴퓨터 프로그램으로 기술할 수 있습니다. 그림 3-4는 LOGO 프로그램을 통해 그린 것인데, LOGO 프로그램은 그림을 그리는 데 유용하고 인간의 언어랑 비슷하기 때문에 주의를 기울이면 초심자도 이해할 수 있습니다. 물론 독자가 익숙한 다른 프로그램밍 언어를 사용해도 비슷하게 할 수 있습니다.

LOGO 프로그램 언어를 그림 3-5처럼 쓰면, 위의 그림 3-4가 나오게 됩니다. 여기서는 첫 번째 정삼각형을 0단계로, 그 다음을 1단계, 2단계, 3단계, 4단계, 5단계로 놓고 얘기를 진행해보겠습니다.

```
to flake :len :m
    repeat 3 [rep :len :m right 120]
    end

ro rep :len :m
    if :m = 0 [fd :len stop]
    rep :len/3 :m-1 left 60
    rep :len/3 :m-1 right 120
    rep :len/3 :m-1 left 60
    rep :len/3 :m-1
    end
```

[그림 3-5] LOGO 프로그램 명령어

위의 프로그램 언어에서, 최초 정삼각형의 변의 길이는 *len*입니다. 앞에 콜론을 붙인 :*len*은 변수임을 의미하며 입력에서 지정할 수 있음을 나타냅니다. 위 과정의 반복 횟수는 *m*입니다. 'repeat'는 반복한다는 뜻이며, 'rep'는 'replace'의 약자입니다. fd는 'forward'의 약자로 앞으로 간다는 뜻입니다. (LOGO 프로그램에서는 그림으로 된 거북이가 움직이면서 선을 그립니다.) 그리고 left 60은 왼쪽으로 60도, right 120은 오른쪽으로 120도 회전한다는 뜻입니다. 부연 설명을 하자면, rep :*len* :*m*는 아래에 적힌 if :*m*에서부터

end까지를 실행한다는 뜻입니다. 그러니까 repeat 3 [rep :*len* :*m* right 120]은 'rep' 이하에 적힌 것처럼 바꾼 다음 120도 도는 것을 3번 반복하라는 얘기입니다.

그러면 m이 0일 때(0단계일 때)는 'if :m=0 [fd :*len* stop]'이므로 길이만큼 앞으로 가서 멈추고, 그것을 3번 반복하면 됩니다. 그래서 0단계에서는 정삼각형이 나옵니다.

그러면 m이 1이면 어떻게 될까요? m이 1이면 0이 아니니까 첫 번째 실행 명령은 건너뛰고, 그 다음 실행 명령인 'rep $\frac{:len}{3}$:$m-1$ left 60…'으로 넘어갑니다. $m-1$은 0이므로 0단계를 반복하는데 이때 거북이가 가는 선분의 길이는 $\frac{1}{3}$입니다. 즉 거북이가 앞으로 가서 길이가 $\frac{1}{3}$인 지점에서 왼쪽으로 60도로 돌고, 앞으로 가서 다시 길이가 $\frac{1}{3}$인 지점에서 오른쪽으로 120도로 돌고, 다시 앞으로 가서 길이가 $\frac{1}{3}$인 지점에서 다시 왼쪽으로 60도로 도는 것을 세 번 반복하게 됩니다.

이해가 잘 안 되었을 수도 있으니, 단계를 바꿔보겠습니다. m이 5이면(5단계이면) 어떻게 될까요? m이 5이면 0이 아니니까 첫 번째 실행 명령은 건너뛰고, 그 다음 실행 명령인 'rep $\frac{:len}{3}$:$m-1$ left 60…'으로 넘어갑니다. $m-1$은 4이므로, 5단계에서는 거북이가 앞으로 가서 $\frac{1}{3}$인 지점에서 4단계를 실행하고 왼쪽으로 60도 돌고, 앞으로 가서 $\frac{1}{3}$인 지점에서 4단계를 실행하고 오른쪽으로 120도를 돌고, 다시 앞으로 가서 길이가 $\frac{1}{3}$인 지점에서 다시 왼쪽으로 60도를 돕니다. 이것을 세 번 반복하는 것입니다. 그러면 그림 3-4에서 여섯 번째로 그려진 5단계 그림이 그려집니다.

LOGO 프로그램은 위에서처럼 명령어를 입력하면, 완벽하게 그림을 그립니다. 사실 5단계의 그림을 프로그램 없이 그리려면 상당한 시간이 걸릴 겁니다.

위 프로그램의 핵심은 이미 거쳤던 단계를 불러와서 그림을 그린다는 점, 즉 5단계에서는 4단계, 4단계에서는 3단계, 3단계에서는 2단계를 불러와 다시 가져다 쓴다는 점입니다. 이런 것을 점화식 프로그래밍recursive programming이라고 합니다.

위에 언급한 LOGO 프로그램에서도 길이와 반복 횟수 값을 집어넣으면, 프로그램이 알아서 전 단계를 부르고, 또 부르고 하다가 최종적으로 결과를 만들어냅니다. 그래서 프로그래밍할 때는 짧고 간략하지만, 자꾸 이전 단계를 불러서 반복하기 때문에 이런 방식은 좀더 느리긴 합니다. 요즘은 컴퓨터 CPUCentral Processing Unit가 빠르니까 크게 상관없긴 합니다.

LOGO 프로그램을 통해, 여기서는 0~5단계까지만 갔지만, 이것을 100단계, 1000단계까지 가면 어떻게 될까요? 모양이 상상되나요? 일부분을 확대해보면 여전히 동일한 구조가 반복해서 나타나고, 계속 확대해 나가도 동일한 구조가 반복해서 나타날 것입니다. 이것이 바로 자기유사성을 지닌 프랙탈입니다. 자기와 같은 것이 계속 반복되는 구조를 갖습니다.

미분과 프랙탈

이제 수학적으로 더 들어가보겠습니다. 고등학교에서 미적분을 배우다 보면, 연속함수를 자연스럽게 접하게 됩니다. 연속함수란 아무 곳에서도 끊어지지 않고 계속 이어지는 함수입니다. 고등학교 때에는 연속함수를 다음과 같이 정의합니다.

연속함수 $f : \mathbb{R} \to \mathbb{R}$

① $a \in \mathbb{R}$

② $\lim_{x \to a} f(a)$가 존재하고

③ $f(x)$가 존재할 때

$\lim_{x \to a} f(x) = f(a)$이면 f는 a에서 연속이다.

주어진 구간의 모든 실수 a에 대해서, 함수 $f(x)$가 $x=a$일 때의 함숫값 $f(a)$가 존재하고, 극한값 $\lim_{x \to a} f(x)$가 존재하며, $\lim_{x \to a} f(x)$

$= f(a)$이면 함수 $f(x)$는 그 구간에서 연속함수입니다. 즉 주어진 구간의 모든 점에서 연속이면, 그 구간에서 $f(x)$는 연속함수입니다.

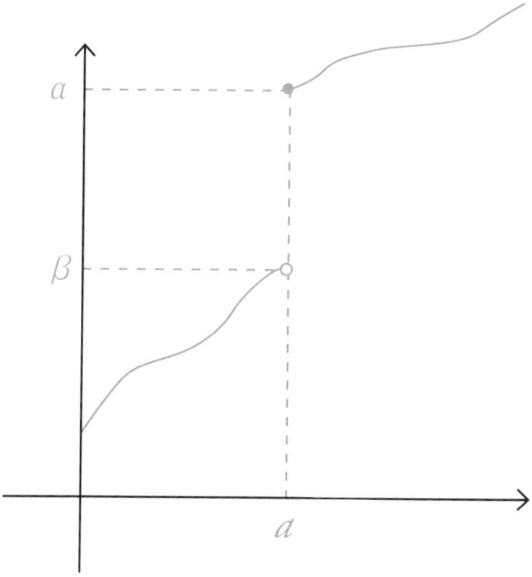

[그림 3-6]

극한값 $\lim_{x \to a} f(x)$가 존재한다는 것은 좌극한과 우극한이 같다는 것을 뜻합니다. 그림 3-6에 나온 그래프를 한번 봅시다. 위의 그래프를 보면 x가 a로 갈 때 오른쪽에서 가는 우극한 값은 α이고, x가 a로 갈 때 왼쪽에서 가는 좌극한 값은 β입니다.

$$\lim_{x \to a+0} f(x) = \alpha$$

$$\lim_{x \to a-0} f(x) = \beta$$

이렇게 좌극한과 우극한이 다르니 극한값 $\lim_{x \to a} f(x)$는 존재하지 않습니다. 그러므로 그림 3-6의 그래프는 연속함수가 아닙니다. 그러면 그림 3-7의 그래프에서 나온 함수는 연속함수일까요?

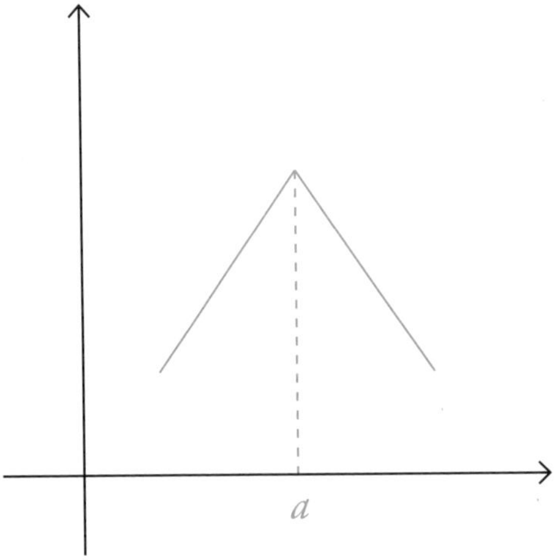

[그림 3-7]

그림 3-7에서는 좌극한과 우극한이 같습니다. 극한값 $\lim_{x \to a} f(x)$가 존재합니다. 점 a에서의 함숫값은 $f(a)$인데, 이것은 극한값 $\lim_{x \to a} f(x)$와 같습니다. 연속함수가 될 조건을 모두 만족하기 때문에 이 그래프는 연속함수의 그래프입니다.

그러면 미분은 어떨까요? 그림 3-7의 그래프의 경우 점 a에서 과연 미분이 가능할까요? 그렇지 않습니다. 점 a에서 미분 가능하지 않습니다. 왜 첨점이면 미분 가능하지 않은 것일까요?

미분이라는 것은 점 a에서의 접선의 기울기로, 그림 3-7의 그래프에서는 점 a에서의 좌미분과 우미분 값이 같지 않습니다.

$$f'(a^+) \neq f'(a^-)$$

즉 첨점에서는 좌미분과 우미분이 서로 다른 기울기를 가지기 때문에 미분 값이 존재하지 않습니다. 그러나 부드러운 곡선에서는 모든 점에서 미분 가능합니다. 왼쪽에서 접근하든, 오른쪽에서 접근하든 접선의 기울기가 같기 때문입니다. 첨점에서는 왼쪽에서 접근하는 접선의 기울기와 오른쪽에서 접근하는 접선의 기울기가 같지 않습니다. 실제로 해안선은 미분 가능하지 않는 점들을 너무나 많이 가지고 있습니다.

코흐 곡선의 연속성과 미분 불가능성

코흐 눈송이는 어떨까요? 코흐 눈송이의 꼭짓점에서는 미분이 가능할까요? 그렇지 않습니다. 코흐 눈송이가 복잡할수록 미분 가능하지 않은 점들도 점점 늘어나는데, 심지어 셀 수도 있습니다. 코흐 눈송이에서 미분 가능하지 않은 점들의 개수를 수열로 표현하라는 문제를 생각해볼까요? 이 문제를 어떻게 풀지 생각해봅시다. 코흐 눈송이에서 점들을 세어보면, 3, 12, 48,⋯ 이런 수열이 나옵니다.

$$a_1 = 3 \times 4^0$$

$$a_2 = 3 \times 4^1$$

$$a_3 = 3 \times 4^2$$

$$a_4 = 3 \times 4^3$$

$$\cdots$$

$$a_n = 3 \times 4^{n-1}$$

n번째에서 미분 가능하지 않은 점들의 개수는 $a_n = 3 \times 4^{n-1}$이 될 것입니다.

그러면 이제 무한으로 가봅시다. 모든 점에서 연속이지만 어떤 점에서도 미분 불가능한 함수가 과연 있을까요? 즉 연속이긴 하지만, 너무나 거친 함수가 존재하기는 할까요? 먼저 답부터 말하자면, 코흐 곡선이 바로 이런 함수입니다. 코흐 곡선은 무한대로 가면 모든 점들이 연속이지만, 어떤 점에서도 미분 가능하지 않은 곡선입니다.

l단계에서 미분 불가능한 점의 개수를 d_l이라고 하면,

$$d_l = 3 \times 4^{l-1} \rightarrow \lim_{l \to \infty} d_l = \infty$$

코흐 곡선에는 미분 불가능한 점이 무한히 많이 있습니다. 실제로 코흐 곡선의 모든 점이 미분 불가능합니다. 코흐 곡선은 모든 점에서 연속이지만 어떤 점에서도 미분 불가능한everywhere continuous but nowhere differentiable 이상한 함수입니다.

여기서 문제를 하나 내보겠습니다. 코흐 곡선의 둘레 길이는 얼마일까요? (처음 0번째 단계에서 각 변의 길이는 1이라고 가정합니다.) 앞에서 잠시 해안선의 길이가 엄청나게 길다고 언급한 적이 있습니다. 뇌의 주름도 마찬가지입니다.

이 문제는 각 단계에서 길이가 얼마만큼 늘어나는지 생각해 보면 됩니다. 각 단계에서 길이가 $\frac{4}{3}$만큼 늘어나기 때문에, l단계에서의 둘레 길이는 $3 \times \left(\frac{4}{3}\right)^{l-1}$입니다. 그래서 코흐 곡선의 둘레 길이는 $\lim_{l \to \infty} 3 \times \left(\frac{4}{3}\right)^{l-1} = \infty$, 즉 무한대입니다! 아주 신기한 일이지 않나요? 코흐 곡선은 유한한 공간 속에 있는데, 그런 유한한 공간에 길이가 무한대인 곡선을 넣을 수 있다는 뜻입니다!

한번 생각해봅시다. 0단계의 삼각형에 외접원을 그리면 단계가 무한히 진행되었을 때 코흐 곡선은 이 외접원 안에 있을까요? 코흐 곡선은 유한한 공간인 원 안에 있습니다. 길이의 합이

점점 늘어나서 결국 무한대가 되는데도 말입니다.

그래서 누군가가 "유한한 공간에 무한한 길이의 곡선을 넣을 수 있느냐"라고 묻는다면, 대답은 "그렇다"입니다. 그리고 이처럼 유한한 공간에 무한한 것을 집어넣으려다 보니, 곡선이 거칠게 되어서 그 어떤 곳에서도 미분이 가능하지 않게 되는 것입니다.

코흐 눈송이의 유한성과 무한성

코흐 곡선의 면적은 얼마일까요? 처음 삼각형의 각 변의 길이를 1이라고 해봅시다. l단계에서의 면적을 A_l이라고 하면, 단계가 올라갈수록 면적은 커질까요, 작아질까요? 면적은 커집니다. 그럼 무한대로 커지는 둘레처럼 면적도 무한대로 커질까요?

앞서 언급했듯이, 코흐 눈송이의 면적은 원 안에 있습니다. 이 원의 반지름은 $\frac{\sqrt{3}}{3}$이고, 이 원의 면적은 πr^2이므로 $\frac{1}{3}\pi$입니다. 따라서 이 코흐 곡선의 면적은 $\frac{1}{3}\pi$를 넘을 수 없습니다. 이 사실만 봐도 둘레를 구할 때와는 사정이 다릅니다.

찬찬히 살펴볼까요? 처음 0단계의 면적 $A_0 = \frac{\sqrt{3}}{4}$입니다. 그 다음 단계로 가면, 3개의 조그마한 삼각형의 면적만큼 늘어납니다. 이 조그마한 삼각형의 한 변의 길이가 $\frac{1}{3}$이므로, 면적은 $\frac{A_0}{9}$이고, 삼각형이 3개이니까 늘어난 면적은 $\frac{A_0}{3}$입니다. 이런 식으로 코흐 눈송이의 면적을 구하려면 단계가 올라갈 때마다 늘어난 작은 삼각형의 개수를 알아내고 그 면적을 더하면 됩니다.

원의 각 단계에서 추가되는 작은 삼각형의 면적과 개수를 계산해보면 다음의 점화식이 성립합니다.

$$A_{l+1} = A_l + \frac{1}{3}\left(\frac{4}{9}\right)^l A_0$$

수열에서 점화식이란 인접한 항들 사이의 관계를 설정해줌으로써 그 수열을 표현하는 방법을 일컫습니다.

위의 식에서는 인접한 두 항 사이의 차이가 등비로 나타납니다. 즉, 계차 $A_{l+1} - A_l$가 등비수열입니다. 이러한 수열을 계차수열이라고 하는데, 계차수열에서는 점화식을 풀어서 일반항을 구하는 것이 가능합니다. 일반항을 찾으면 아래처럼 됩니다.

$$\begin{aligned} A_{l+1} &= (A_{l+1} - A_l) + (A_l - A_{l-1}) + \cdots + (A_2 - A_1) + A_1 \\ &= A_1 + \sum_{k=1}^{l}(A_{k+1} - A_k) \\ &= \frac{4}{3}A_0 + \sum_{k=1}^{l}\frac{1}{3}\left(\frac{4}{9}\right)^k A_0 \end{aligned}$$

© 윤성용

$$= \left(\frac{4}{3} + \frac{1}{3}\sum_{k=1}^{l}\left(\frac{4}{9}\right)^k\right)A_0$$

일반항을 구해보면 등비로 $\frac{4}{9}$가 나옵니다. 이렇게 등비수열에서의 등비가 1보다 작으면 무한합이 존재합니다. 무한히 합해도 유한한 게 되는 것입니다. 따라서 코흐 눈송이의 면적은 아래와 같습니다.

$$\lim_{l \to \infty} A_l = \left(\frac{4}{3} + \frac{\frac{4}{27}}{1 - \frac{4}{9}}\right)A_0 = \frac{8}{5}A_0 = \frac{2\sqrt{3}}{5}$$

즉, 무한합은 $\frac{2\sqrt{3}}{5}$입니다. 이처럼 코흐 눈송이는 둘레의 길이는 무한하지만, 면적은 항상 외접원 안에 있기 때문에 유한합니다. 심지어 위에서처럼 그 유한한 값을 구할 수도 있습니다.

결론을 말하자면 코흐 눈송이 도형의 둘레는 무한히 늘어나지만, 일정한 공간(처음 삼각형에 외접하는 원)을 벗어나지 않습니다. 선들이 모두 달라서 서로 교차하지도 않습니다. 코흐 곡선은 부드러운 곡선처럼 보이지만 너무나도 거칠어서 어떤 점에서도 미분 가능하지 않고, 길이는 무한하지만 유한한 면적 안에 있습니다.

사실 고등학교에서는 아직 프랙탈을 가르치지 않습니다. 그러나 프랙탈은 미분이나 연속의 개념을 훌륭하게 설명하는 예

Math Tip

1) 수렴과 발산

$$r > 1 \Rightarrow \lim_{n\to\infty} r^n = \infty$$

$$|r| < 1 \Rightarrow \lim_{n\to\infty} r^n = 0$$

2) 등비수열

$$a_n = ar^{n-1}$$

$$\Rightarrow \sum_{k=1}^{n} a_k = a + ar + \cdots + ar^{n-1} = \frac{a(1-r^n)}{1-r}$$

$$\Rightarrow \sum_{k=1}^{\infty} a^k = \frac{a}{1-r},\ |r| < 1$$

$$\infty,\ |r| > 1$$

가 될 뿐 아니라, 미적분을 배울 때 '코흐 곡선과 같은 이상한 함수를 피하기 위해서는 함수를 어떻게 정의해야 하는가' 하는 것들을 생각하도록 하기 때문에, 고등학생들에게 가르칠 만한 가치가 충분히 있습니다.

코흐 눈송이의 프랙탈 차원

이제 프랙탈 차원에 대해 생각해보겠습니다. 선은 1차원이고 면은 2차원입니다. 그럼 1.6차원이라는 게 있을까요? 앞서 잠시 얘기했지만 1차원보다는 크고 2차원보다는 작은 차원이 있습니다. 프랙탈은 길이가 무한해서 1차원을 넘어서지만, 2차원으로 볼 때는 유한한 공간 안에 있으니 2차원을 넘어서지는 못합니다. 코흐 곡선의 차원을 계산해보면 약 1.26차원입니다.

아마 차원이라는 것을 다음과 같이 배웠을 것입니다. 하나의 선을 둘로, 셋으로, 넷으로 자르면 선분의 개수가 늘어나는 비율이 그 잘라진 횟수하고 똑같으면 1차원입니다. 그러면 면을 자르면 어떻게 될까요? 면을 가로세로로 둘로 자르면 4개가 되고, 가로세로로 셋으로 자르면 9개가 됩니다. 2^2, 3^2, 4^2처럼 면의 개수는 제곱으로 늘어납니다. 그래서 2차원입니다. 3차원 입체는 어떻게 될까요? 3차원인 정육면체만 해도, 가로세로높이로 둘로 자르면 2^3, 셋으로 자르면 3^3, 넷으로 자르면 4^3처럼 입체의 개수가 세제곱으로 늘어납니다. 그래서 3차원입니다.

2차원의 사각형에서 선의 길이를 두 배로 늘이면 네 개의 사각형이 생기고, 3차원에서는 8개의 정육면체가 생기는 현상에 착안해서, 프랙탈을 확대할 때 반복되는 정도를 차원으로 보면 이상한 차원이 나옵니다.

여기서 차원을 다음처럼 생각해보도록 합시다. 그림 3-8에서 l단계에서 단위 선분의 길이가 스케일링팩터(계수인자) $s = \frac{1}{l}$라

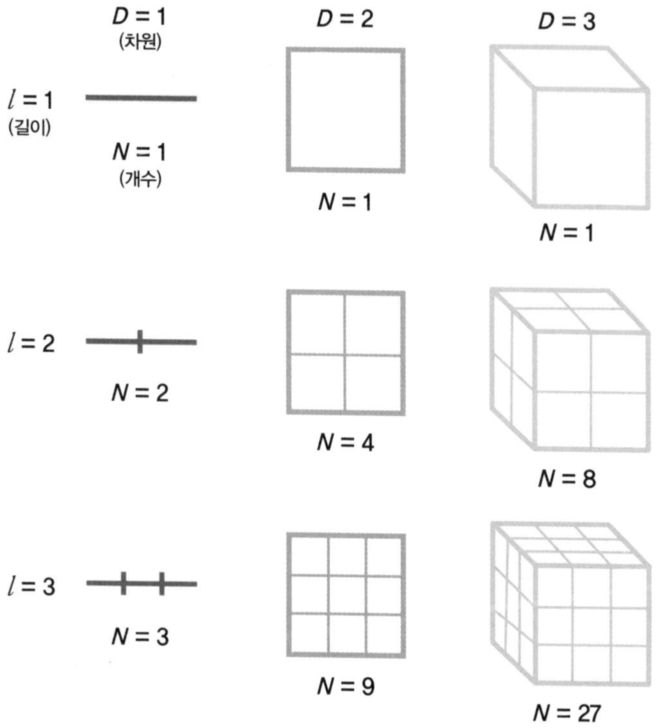

[그림 3-8] 차원

고 하고, 차원을 D라고 하고, 영역의 개수를 N이라고 하면 다음과 같은 식을 만들 수 있습니다.

$$N = l^D = \left(\frac{1}{s}\right)^D \Rightarrow D = \frac{\log N}{\log l} = -\frac{\log N}{\log s}$$

$N = l^D$의 양변에 로그를 취하면, $\log N = \log l^D = D\log l$이고, $D = \frac{\log N}{\log l}$ 입니다. 프랙탈에서 차원을 찾는다는 것의 의미는 단계가 올라갈 때마다 반복 단위의 개수가 얼마나 늘어나느냐를 추적하는 것입니다. 그래서 차원이 높다는 것은 단계가 올라갈 때마다 반복 단위가 늘어나는 정도가 굉장히 많다는 것을 뜻합니다. 뭉게구름의 프랙탈의 경우를 보면, 구름의 일부분을 계속 확대해보았을 때 프랙탈 구조를 띠더라도 반복되는 정도가 많지 않아서 차원이 낮습니다. 그러나 뇌의 주름은 반복되는 정도가 많아서 상대적으로 차원이 훨씬 높습니다.

코흐 곡선으로 되돌아가봅시다. 코흐 곡선은 무한한 길이이므로 1차원은 넘어서고, 유한한 공간에 들어가기 때문에 2차원을 넘어서진 못합니다. 코흐 곡선은 1차원과 2차원 사이일 것이라고 예상할 수 있습니다.

코흐 곡선에서 매 단계에서의 스케일링팩터 $s = \frac{1}{3}$이고, 선분의 개수(N)도 4배로 늘어납니다. 그래서 다음과 같은 수식으로 나타낼 수 있습니다.

$$N = \left(\frac{1}{s}\right)^D \Rightarrow D = -\frac{\log 4}{\log \frac{1}{3}} \approx 1.2618$$

코흐 곡선의 차원을 위에서처럼 계산해보면 차원은 약 1.2618

차원입니다. 혹자는 프랙탈과 같은 이상한 구조가 과연 쓸모 있을까 하고 의문을 품을 수 있습니다. 그러나 대동맥에서 모세혈관까지 이어지는 혈관 구조의 예처럼, 모든 세포에 영양을 주는 방법으로 프랙탈 구조만큼 효율적인 구조는 없습니다. 대동맥에서 실핏줄에 이르는 혈관은 아주 미세해질 때까지 갈라지고 또 갈라집니다. 길이로 따지면 굉장히 긴 길이입니다.

그러면서도 핏줄이 차지하는 공간은 아주 작습니다. 마치 코흐 곡선이 유한한 공간에 무한한 길이를 집어넣는 것과 유사합니다. 프랙탈 구조는 유한한 공간에 아주 많은 것을 집어넣을 수

한 걸음 더

칸토어 더스트의 차원은?

칸토어 더스트의 프랙탈 차원은 몇 차원일까? 칸토어 더스트는 직선에서 시작했으므로 1차원을 넘어서지 못할 것이고, 점이 무한 개 있으므로 점 하나의 차원인 0차원 이상일 것으로 예상할 수 있다. 칸토어 더스트 길이는 $\frac{1}{3}$씩 줄어들고 그때 선분의 개수는 2배씩 늘어나므로 매 단계에서의 스케일링팩터 $s=\frac{1}{3}$이고, 선분의 개수 $N=2$배로 늘어난다. 따라서 칸토어 더스트의 차원은 다음과 같이 약 0.63으로 점의 차원보다는 크고 직선의 차원보다는 작다.

$$N=\left(\frac{1}{s}\right)^D \Rightarrow D=-\frac{\log 2}{\log \frac{1}{3}} \approx 0.6309$$

있는 유일한 방법입니다. 뇌의 주름이 프랙탈 구조를 띠는 것도 작은 공간에 많은 뇌세포를 배치하기 위한 자연의 노력이라고 볼 수 있습니다. 또 프랙탈 기하학은 지표면의 울퉁불퉁한 정도를 표현하는 데에도 강력한 도구가 됩니다. 지표면의 프랙탈 차원을 보면 얼마나 울퉁불퉁한지를 알 수 있는 것이죠.

C 곡선

프랙탈의 또 다른 예로는 'C 곡선C-curve'이 있습니다. 인터넷에서 볼프람 알파Wolfram Alpha를 찾아보세요(www.wolframalpha.com). 볼프람 알파는 수학 계산 소프트웨어 회사의 이름인데, 이 회사의 검색 엔진 이름이기도 합니다. 이 볼프람 알파는 애플사의 음성인식 소프트웨어인 시리Siri의 기반이 되기도 했는데, 요즘에는 스마트폰 애플리케이션으로도 나와 있습니다. 검색 엔진 볼프람 알파에서는 웬만한 계산을 다 할 수가 있습니다. C 곡선도 볼프람 알파를 통해 얼마든지 그릴 수 있습니다.

C 곡선을 그리는 방식은 간단합니다. 0단계는 일자 모양인 수직선입니다. 그리고 그 다음 1단계는 서로 수직인 두 개의 작은 선분으로 바꿉니다. 그리고 이 과정을 반복하다 보면 그림

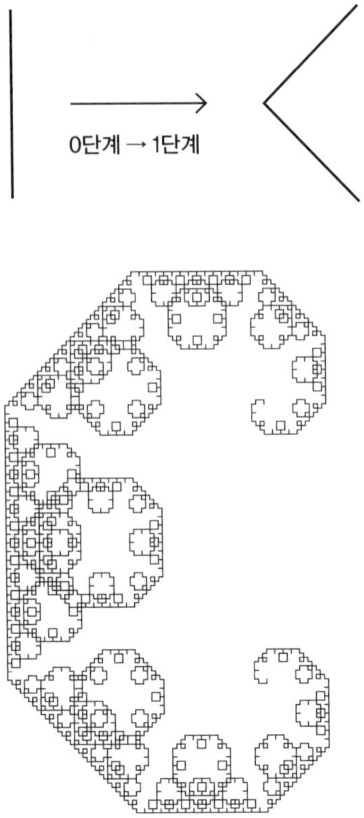

[그림 3-9] C 곡선

3−9와 같은 C 곡선 모양이 나옵니다.

C_0, C_1, C_2, C_3, C_4, … 등 단계를 계속 밟다 보면 C 곡선이 나오는데, 이 C 곡선의 일부분을 확대하면 C 곡선 안에 C 곡선이 또 있습니다. 계속 반복됩니다. 이 C 곡선도 프랙탈입니다. 그러면 C 곡선의 길이의 총합은 얼마일까요? 길이는 1, $\sqrt{2}$, 2,

$2\sqrt{2}$, …라는 식으로 나타납니다. 즉 $(\sqrt{2})^n$입니다. n을 무한대로 보내면 길이는 어떻게 될까요? 이것의 길이는 무한대가 될 것입니다. 그러면 면적은 얼마일까요? C 곡선의 면적은 구하기 힘듭니다. 코흐 곡선은 폐곡선이어서 둘러싸인 면적을 생각할 수 있었는데 C 곡선은 폐곡선이 아니기 때문에 생각하기 어렵습니다.

이제 자연스럽게, C 곡선의 프랙탈 차원은 얼마일까, 미분 불가능한 점들이 몇 개씩 늘어날까 등 여러 재미있는 문제들을 생각해볼 수 있을 겁니다. LOGO 프로그램 언어 등을 참조해서 각자 좋아하는 언어로 C 곡선 프로그래밍을 시도해보는 것도 좋은 경험이 될 것입니다.

드래곤 프랙탈

다음은 드래곤 프랙탈Dragon Fractal입니다. 잘 보면 용처럼 보입니다. 처음 0단계는 영문자 V를 뒤집어놓은 모양에서 시작합니다. 서로 수직인 두 개의 작은 선분으로 이루어진 모양입니다. 이 뒤집어진 V를 다음 1단계에서는 두 개의 뒤집어진 V로 바꿉니다. 이 과정을 반복해보세요. 그러면 신기하게도 용 모양

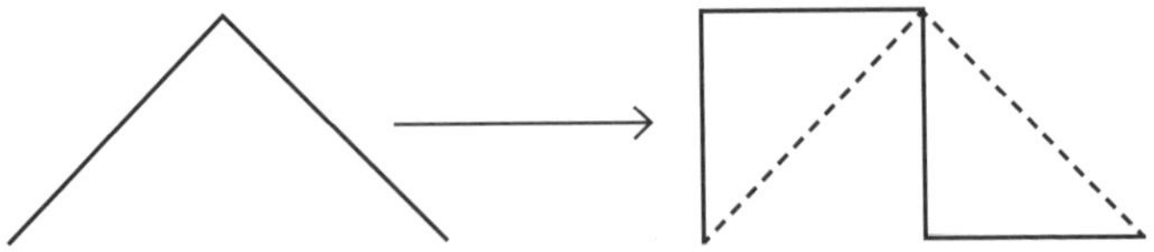

의 프랙탈이 튀어나옵니다. 일부분을 계속 확대해보면 용이 나오고, 더 확대해보아도 용이 나옵니다.

[그림 3-10] 드래곤 프랙탈

이 드래곤 프랙탈의 길이의 총합은 어떻게 될까요? 한 변의 길이를 1로 하고 처음 0단계에서의 길이부터 시작하면 2, $2\sqrt{2}$, 4, $4\sqrt{2}$, … 입니다. C 곡선처럼 $\sqrt{2}$를 쭉 곱해나가면 n단계에서의 길이는 $(\sqrt{2})^{n+2}$라는 일반항을 얻게 됩니다. n을 무한대로 보내면, 이 드래곤 프랙탈의 길이도 무한대가 됩니다.

줄리아 집합

이제 줄리아 집합Julia Set을 보겠습니다. 줄리아 집합 혹은 줄리아 함수는 복소함수와 연관되는 함수입니다. 공학이나 물리학에서 응용을 많이 하는 복소함수는 이공계 대학에 진학해야 비로소 제대로 접하게 되는 함수인데, 여기서는 줄리아 집합을 이해할 수 있을 정도로만 복소함수를 다루겠습니다. 줄리아 집합에서의 '줄리아'는 수학자 가스통 줄리아Gaston Julia의 성을 딴 것입니다.

어떤 실수 c가 있을 때, 복소함수complex function인 $f(z) = z^2 + c$를 생각해봅시다. 이 함수에서 z가 복소수가 되면 실수만 고려할 때와는 달리 굉장히 특이한 성질들이 생깁니다. z가 실수이면 이 함수의 그래프를 포물선 모양으로 그리면 될 텐데, z가 복소수이면 복소평면에 그리게 됩니다.

실수부와 허수부로 이루어진 복소수 $z = x + yi$는 직교좌표의 실수 x와 y에 대응시키면 복소평면 상에 놓인 점으로 표현할 수 있습니다(이때 x축은 실수축, y축은 허수축입니다).

복소수 z를 복소평면 상에 점으로 표현할 수도 있지만, 극좌표로도 표현할 수 있습니다. 복소수를 반지름과 각도로 표현하는 것입니다. 이때 원점은 O, 복소수 z에 대응하는 점은 P, $\overline{OP}$의 길이는 r(반지름), x축의 양의 방향과 $\overline{OP}$가 이루는 각도는 θ입니다. 즉 점 P는 직교좌표에서의 (x, yi), 극좌표에서의 (r, θ)라고 표현할 수 있으며, 이들 사이에는 다음과 같은 관계가 있습니다.

$$x = r\cos\theta,\ y = r\sin\theta$$

$$r = \sqrt{x^2 + y^2}$$

$$\theta = \tan^{-1}\left(\frac{y}{x}\right)$$

$$z = r(\cos\theta + i\sin\theta)$$

$$z^2 = r^2(\cos2\theta + i\sin2\theta)$$

구체적으로 $z = 3 + 2i$인 경우를 볼까요? 이 경우에 r은 $\sqrt{13}$이고, $\theta = \tan^{-1}\left(\frac{2}{3}\right)$입니다. 그러면 이런 극좌표에서 복소수 제곱이 포함된 함수는 어떻게 표현될까요? 반지름은 r^2, 각도는 2배가 됩니다. 그래서 원 위에 있는 점은 반지름은 안 바뀌지만 각도가 2배로 늘고, 원 안에 있는 점은 반지름이 작아지면서 각

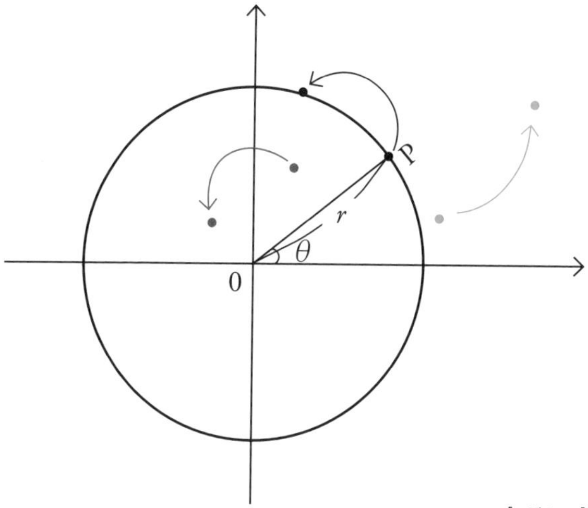

[그림 3-11] 복소함수

도는 2배로 늘어납니다. 그리고 원 밖에 있는 점은 반지름이 늘어나면서 각도는 2배로 늘어납니다.

다시 복소함수 $f(z) = z^2 + c$로 돌아가봅시다. 복소평면에 있는 어떤 도형에 $f(z) = z^2 + c$를 반복해서 적용해도 그 모양이 변하지 않는 도형 J가 있다면 어떤 모양일까요?

대개 복소수를 제곱하면 모양이 이상해집니다. 가령 복소공간에 그림을 아무거나 하나 그렸다고 칩시다. 그런 다음 $f(z) = z^2 + c$라는 함수를 씌워보면 어떻게 될까요? 그러면 엉뚱한 모양의 그림이 하나 나올 겁니다. 보통은 그림이 다 바뀝니다.

그러나 기이하게도 복소수를 제곱하는 함수를 씌워도 원래

[그림 3-12] 줄리아 집합

의 모양이 변하지 않고 그대로 나오는 도형이 있습니다. 더욱이 확대해도 여전히 똑같은 모양이 계속 반복되는 프랙탈 구조를 가지고 있습니다. 그중의 하나가 그림 3-12와 그림 3-13과 같은 줄리아 집합입니다.

이 줄리아 집합의 그림이 신기한 것은 제곱을 해도 도형을 이루는 점들이 하나도 빠지지 않는 데다, 위치가 바뀐 점들의 모양이 원래의 도형과 똑같은 모양을 보인다는 것입니다. 다시 말해 함수 $f(z) = z^2 + c$를 씌우면 기존의 점들의 위치가 달라지지만 그 어떤 점들도 빠지지 않고 모양도 바뀌지 않습니다. 단, c

를 무엇으로 잡느냐에 따라 모양이 다른 줄리아 집합이 나옵니다. 특이하게도 c가 아주 미미하게 변해도 그로부터 파생되는 줄리아 집합은 모양이 완전히 달라집니다.

이 줄리아 집합이 프랙탈 구조를 띤다는 것은 전사함수가 있다는 것을 뜻합니다. 즉 J라는 것을 줄리아 집합으로 잡으면 도형의 각 점들이 하나도 빠지지 않고 어떤 점으로 가는지를 말해주는 전사함수가 있는 것입니다. 이런 것은 어떻게 만들까요? 이것은 복소함수를 좀더 배워야 할 수 있는 부분이기는 하지만 적어보면 아래와 같습니다.

$f(z)$는 두 개의 역함수를 갖는다.

$g_1(z) = \sqrt{z-c}$, $g_2(z) = -\sqrt{z-c}$

J는 다음의 관계를 만족한다.

$J = g_1(J) \cup g_2(J)$

이러한 집합을 찾기 위해 어떤 도형 J_0으로부터 출발해서 다음의 방식으로 집합들의 수열을 만든다.

$$J_{l+1} = g_1(J_l) \cup g_2(J_l)$$

[그림 3-13] 줄리아 집합

그러면, $J = \lim_{l \to \infty} J_l$

이렇게 하고 나면 프랙탈과 아무런 관계가 없을 것 같은데도, 프랙탈이 나옵니다. C 곡선이나 드래곤 프랙탈은 실제로 계속 반복하면서 프랙탈을 만들었지만, 이 줄리아 집합은 반복하지 않아도 될 것 같은데도 프랙탈을 만듭니다.

망델브로와 프랙탈

> 구름은 동그랗지 않고, 산은 원뿔 모양이 아니며,
>
> 해안선은 원형이 아니고 나무껍질은 부드럽지 않고,
>
> 번개는 직선으로 움직이지 않는다.
>
> – 브누아 망델브로, 『자연 속의 프랙탈 기하학』 중에서

프랙탈에는 기하학, 복소함수론 등이 밀접하게 관련돼 있습니다. 이처럼 수학이라는 학문은 세분화되어 있는 각 분야들이 굉장히 달라 보이면서도 서로 맞물려 있습니다. 예를 들어 줄리아 집합의 특별한 경우인 망델브로 집합은 복소함수론을 사용하여 엄밀하게 구축된 유명한 프랙탈입니다.

줄리아 집합은 c를 무엇으로 놓느냐에 따라 그림이 달라집니다. c가 0이냐, 1이냐에 따라, 즉 처음에 무엇으로 시작하느냐에 따라 모양이 완전히 달라지는 것입니다. 심지어 아주 미미할지라도 c가 조금이라도 달라지면 모양이 확 바뀝니다.

이런 이유로 망델브로 집합은 혼돈 이론Chaos Theory과 연계되어 있으며, 이제는 꽤 유명해졌습니다. 줄리아 집합은 시작할 때의 미미한 차이가 종국에는 전혀 다른 결과를 만들어낼 수 있다는 혼돈 이론의 구체적인 실례를 보여주기 때문입니다. 에쉬튼 커쳐가 주연으로 나온 영화 〈나비 효과Butterfly Effect〉처럼 혼돈 이론을 영화화한 것도 있습니다. 나비 효과라는 영화 제목은, 나비의 단순한 날갯짓이 날씨를 변화시킨다는 기상학 이론에서 유래한 것입니다. 작은 차이가 나중에는 파국의 유무를 바꾼다는 혼돈 이론을 영화의 소재로 쓴 것인데, 처음에 어떤 선택을 했느냐에 따라 완전히 다른 인생을 살게 된다는 이야기를 다루고 있습니다. 기상에서도 아주 작은 조건의 변화 때문에 날씨가 완전히 바뀌는 일이 비일비재하게 일어납니다.

혼돈 이론은 이제 수학뿐 아니라 인문학, 사회과학에서도 많이 이용되고 있습니다. 세상은 혼란스러울 수밖에 없지만, 이를 혼돈 이론으로 접근하고 설명하는 수학적인 노력은 새로운 통찰을 제공해줍니다. 전통적인 수학은 너무나 질서정연하지만 혼돈을 효과적으로 기술하지 못했습니다. 그런데 망델브로 집합은 그런 혼돈을 다루는 새로운 수학적 프레임을 보여주는 것이었습니다. 프랙탈 개념을 정립한 망델브로의 『자연 속의 프랙탈 기하학』은, 프랙탈의 혼란스러움을 거부하던 비판자들에게 불규칙과 무질서가 자연의 본질에 더 가깝다는 것을 보여주었습니다.

어쩌면 망델브로에게는, 이들 비판자들이 전통적인 유클리드 기하학에 매여 자연의 본질을 제대로 파악하지 못하는 것으로 보였을지도 모르겠습니다. 수학에는 아직 풀리지 않은 문제가 너무나 많고, 우리가 이해하고 있는 것보다 이해하지 못하는 것들이 더 많습니다. 시작은 수학자의 사유에서 출발했지만, 혼돈 이론과 복잡계 이론 등의 수학은 사회과학과 정보통신에까지 큰 영향을 미치고 있습니다.

혹시 수학을 비슷비슷한 문제를 반복적으로 지겹게 푸는 것이라고 생각하는 이가 있다면, 그런 것들 너머에 신세계가 기다리고 있음을 알려주고 싶습니다.

박형주

수학자

1부 **코딩 이론 :** 소통의 수학 이론

2부 **확률의 세계와 비둘기집 원리 :** 경우의 수를 찾아라

3부 **프랙탈 :** 무질서의 세상에서 건져낸 질서

4부 수학자와 함께하는 상상초월 토크 콘서트

math talk

대담자 박형주 정재승

청중 상상초월 석학강연 강의를
수강한 학생 및 학부모

곳 KT&G 상상마당

수학자와 함께하는
상상초월 토크 콘서트

박형주
수학자
아주대 석좌교수
(강연자)

정재승
KAIST
바이오및뇌공학과
교수
(기획자)

"이걸 내가 하면 잘할지 자신은 없었지만,
이걸 해야만 내가 살겠더라고요.
그래서 대학교 3학년 때 수학으로 방향을 돌렸죠."

정재승 안녕하세요. 저는 '상상초월 석학강연 시리즈'를 기획한 카이스트 바이오및뇌공학과의 정재승입니다. 강연을 들은 분들을 앞에 모시고 강연을 해주신 박형주 교수님과 이렇게 대화를 나눌 수 있게 되어 기쁩니다. 이 강연 시리즈는 수학의 최전선에 선 수학자를 모시고 학교 교실이 다 담아내지 못한 '수학의 매력'과 수학의 본질을 이야기하고자 기획되었습니다. 학생들도 그동안 듣던 수업과는 달라서 매우 낯설었을 것 같고요, 대학에서만 수학을 강의하시다가 이렇게 사춘기 중고등학생들과 시간을 나눈 박형주 교수님도 신선한 경험이었으리라 생각합니다. 아마 교수님께서도 지난 세 번의 석학강연 때 미처 하지 못한 이야기, 내밀한 속내가 있었을 것 같고요, 학생들도 개인적으로 물어보고 싶은 것들이 많이 있을 것 같습니다. 그래서 이렇게 '수학자와의 대담' 시간을 추가로 마련해보았습니다. 강연이 아닌, 교수님의 개인적인 이야기도 직접 들어보고, 여러분의 질문도 받겠습니다. 먼저 가볍게 이번 석학강연이 교수님께 어떤 경험이었는지 들어보면서 이야기를 시작해볼까요?

박형주 이렇게 주제를 정해놓고 고등학생을 대상으로 강의하는 것은 처음이었어요. 저 무렵에 나는 어떻게 공부했었나, 이러저러한 개념들이 어떻게 다가왔었나 하는 생각들을 더듬어보는 기회가 되었어요. 학생들은 시험을 봐야 하기 때문에 수학 개념을 즐기기 힘든데, 이런 기회를 통해서 조금씩 즐길 수 있었으면 했어요. 현대 수학과 과학의 발전은 굉장한 성취잖아요? 이런 지적인 성취를 알고 즐기게 되는 기회가 되기를 바랐어요.

정재승 평소 대학에서 학생들을 가르칠 때와는 달리, 이번 강연을 위해서 특별히 더 신경 쓴 부분이 있다고 들었습니다.

박형주 끝나고 보니까 제가 이 강연을 위해 시간을 꽤 많이 냈더라고요. 애초에 학생들에게 이야기하려고 했던 주제가 있었어요. 그런데 강의를 하다 보니 예전과는 교육과정이 달라져서, 초반에 학생들이 뭘 알고 있는지 그리고 뭘 모르고 있는지 파악하는 데 시간이 좀 걸렸어요. 학생들이 학과목 공부에 치어 살다시피 하니까 그렇지, 충분한 기회와 동기가 주어진다면 무엇이든 받아들일 준비가 되어 있다는 사실도 알게 되었죠. 학생들이 이번 강연을 통해 다 알아야 된다는 식으로 접근하기보다, 앞으로 더 알아나가고 싶다는 동기를 던져주는 것에 무게중심을 두고 준비를 했어요.

정재승 네, 그러셨군요. 박 교수님께서는 중고등학교 때 어떤 학생이었기에 지금 수학자가 되셨습니까? 혹시 "교과서가 너무 쉬었어요"라거나 "공부가 제일 쉬웠어요"였던 학생이었나요? (청중 웃음) 교수님께 수학은 달콤한 과목이었나요?

박형주 그게 어떤 계기가 있더군요. 저는 수학을 꾸준하게 잘하진 않았어요. 중학교 때는 기하를 많이 배우잖아요? 도형의 닮음이라든지 삼각형의 내심과 외심이라든지 하는 것들을 배우는데, 그땐 그림도 안 그려보고 공부를 했어요. 기하를 말이죠.

정재승 기하학을 글로 공부하셨다는 말이죠? (청중 웃음)

박형주 그렇죠. 그래서 중학교 때는 즐길 수가 없었어요. 얼마나 어려웠겠어요? 그때 왜 그랬냐 하면, 시험에서는 그려보라고 안 했거든요. 그러니 그림을 그려보는 것은 시간낭비로 보였죠. 그러다가 어떤 계기를 만나게 되었어요. 사람마다 동기가 다 다른 것 같습니다. 어떤 사람은 꾸준하게 시간을 정해놓고 공부하고, 어떤 사람은 관심이 없으면 쳐다보지도 않다가 무엇인가 하나의 계기로 각성하게 되면 그 순간에 갑자기 뭔가가 보여서 급속도로 관심이 커지고 지수함수처럼 실력도 늘지요. 저는 후자였던 것 같습니다.

정재승 구체적으로 어떤 계기가 있었습니까?

박형주 고등학교 1학년이었을 거예요. 저는 부여라는 시골에서 자라서 중학교까지 마친 뒤에 공주로 유학을 갔어요. 학교 앞에서 차 타는 곳까지 가려면 서점을 지나쳐야 하는데, 시간이 남거나 하면 서점에 들렀어요. 그런 게 필연인 것이죠. 어느 날 서점에 들어갔는데 거기에 아인슈타인 전기가 있었어요. 그 책을 읽는데 아인슈타인이라는 과학자가 너무 멋있어 보이는 거예요. 그 책을 보면 아인슈타인이 리만 기하학을 이용하여 일반상대성이론을 확립해가는 내용이 나와요. 그땐 '기하학은 너무 재미없는데. 그려본 적도 없는데'라고 생각했어요. 그 후 수학을 잘 활용해서 인류사에 뚜렷한 업적을 남긴 한 사람을 그 책에서 보고 감동을 받게 되었어요. 사람들마다 계기는 여러 형태로 오지만, 제 경우에는 수학이라는 도구를 가지고 인류의 지성사에 빛나는 업적을 쌓는 사람을 보고 감동을 받은 것이죠. '이런 것들이 결국 그런 작업에 도움이 된단 말이지' 하는 생각을 했던 것 같아요. 그러고 나서 정말 빠르게, 순식간에 제가 배워야 하는 수학을 따라잡아 나갔죠. 그렇게 보면 저는 동기가 없으면 잘 못하는 사람이에요.

정재승 수학자가 멋있어 보이고, 물리학자가 멋있어 보였던 것인가요?

박형주 그렇죠. 무엇인가 '쿨하다'라고 말할 수 있다는 건 좋은 거예요. 자기 생각에 '저거 쿨하다' 하는 게 보이면 그게 계기가 될 수 있거든요.

정재승 그래서 헤어스타일도 아인슈타인처럼 멋있는 수학자가 되신 거로군요. (청중 웃음) 많은 대학생들이 전공과목의 경우 처음엔 별 흥미를 느끼지 못하다가, 나중에 본격적으로 연구하면서 재미를 발견하는 경우가 많은 편인데요, 교수님께서는 어떠셨나요?

박형주 제 전공이 지금은 수학이지만, 대학에서는 물리학을 전공했어요. 학생이나 주위 분들에게 왜 전공을 바꾸었는지에 대한 질문을 많이 받습니다. 아까도 말씀 드렸듯이, 대학에 들어갈 무렵에는 아인슈타인에 푹 빠져 있었어요. 아인슈타인 이외에는 보이지가 않았거든요. 고등학교 때 저는 나름 독서량이 많았어요. 함석헌 선생님, 김동길 선생님과 같은 분들의 책이 유행하던 시절이었어요. 그래서 고등학교 1학년 때 〈씨올의 소리〉와 같은 잡지를 보며 사회 여러 가지 문제에 관심을 가졌고 나름대로 생각해보려고 애썼어요. 그 당시에는 본고사라는 게 있어서, 학교에서 학생들을 자정까지 붙잡아두었어요. 사람마다 스타일이 다 다르잖아요? 학교의 방침대로 하면 굉장히 규칙적인 생활을 하게 되는데, 그런 방식이 맞는 학생도 있고 그렇지 않은 학생도 있죠. 저는 하루에 얼마 정도는 독서를 해야 하고, 그래야 신이 나서 공부를 할 수 있는 학생이었거든요. 자정까지 학교에 붙잡혀 있으면 저 같은 사람은 숨 막혀서 못 살아요. 저는 '이건 안 되겠다' 싶었어요. 그래서 고등학교 1학년 때 학교를 그만두었고, 대학은 동년배보다 1년 일찍 들어갔죠.

정재승 일종의 월반이었네요.

박형주 월반을 목표로 한 것은 아니었지만, 그 당시에는 과학고등학교 같은 게 없던 시절이라 월반할 수 있는 유일한 방법은 그 방법밖에 없긴 했어요. 전공은 물리학을 선택했어요. 당시만

"중세 때만 해도 수학자와 철학자는 같은 직업이었어요.
어떤 분야든 두각을 나타내기 위해선
남들보다 훨씬 더 한 단계 나아갈 수 있는
비장의 무기를 가질 필요가 있는데,
저는 수학이 그 무기 역할을 할 수 있다고 생각해요."

해도 물리학자로 살아가겠다는 결심이 확고했죠. 그렇게 1~2학년을 다녔어요. 그런데 제가 인물에 약한 것 같아요. 물리학과 학생들도 수학과에 가서 몇 개의 과목을 듣거든요. 현대대수 과목을 들을 때 갈루아이론이라는 것을 접했어요. 수학 역사상 2000여 년 동안 풀지 못한 문제가 있었는데, 19세기에 와서야 그 문제가 풀렸어요. 5차방정식도 근의 공식이 있는가라는 문제인데, 임의의 각을 컴퍼스를 가지고 3등분을 할 수 있는지도 이 이론으로 답할 수 있더군요. 그 수업에서 이 문제들이 어떻게 풀렸는지를 가르쳐주었는데, 에바리스트 갈루아Evariste Galois라는 어떤 천재 수학자가 풀었다고 했어요. 갈루와가 접근한 방식을 보고 '정말 세상을 이렇게 혁명적으로 다른 시각으로 볼 수 있구나'라고 생각했어요. 가히 충격 그 자체였죠. 갈루아는 이 문제를 남들이 전혀 생각하지 못한 방식, 정말로 새로운 방식으로 풀었어요. 군론group theory이라는 강력한 도구를 창시하고 이용했어요. 나중에 사람들은 군이라는 게 자연에 존재하는 대칭성을 표현하는 가장 좋은 도구라는 것을 알게 되었고, 그게 물리학이나 화학 등 온갖 군데에 쓰이게 됐죠. 결국 군론은 현대 과학을 바꾼 셈이죠. 원래는 어떤 문제를 풀기 위해 천재가 만들어낸 도구였는데, 그게 현대 과학의 흐름을 바꾸는 역할까지 한 거예요. 그런 흐름을 그때 거기서 봤어요. 하던 게 있는데 바꿀 수 있을지 이것을 하면 잘할 수 있을지 자신은 없었지만, 이걸 해야만 내가 살 것 같다는 생각이 들었어요. 그래서 대학교 3학년 때 수학으로 방향을 돌렸죠. 당시 전과제도가 없어서 당장은 바꾸지 못했고, 대학원을 진학할 때 전공을 바꿨어요.

정재승 "이걸 해야만 내가 살겠다." 이건 여자 앞에서만 하는 말 아닌가요? "너 아니면 난 못 산다." 너무 멋있는 말이네요! 아까 말씀하신 것을 조금 더 이어볼게요. 우리가 왜 수학을 해야 할까요? 중고등학교 때 이런 생각을 많이 하잖아요. 이 재미없는 수학을, 모두가 힘들어하는 수학을 우리는 왜 해야 할까요?

박형주 저는 수학을 두 가지 측면에서 생각하는데요, 하나는 문화적인 측면이고, 다른 하나는 유용성의 측면이에요. 수학자들에게 "왜 수학을 하십니까"라고 물어보면 어떤 사람은 수학의 아름다움과 조화에 대해 이야기하고, 어떤 사람은 수학의 응용으로 세상의 여러 가지 산업 문제를 풀 수 있다는 것을 이야기합니다. 중세 때만 해도 수학자와 철학자는 같은 직업이었어요. 현대에 와서는 수학이 현대 과학의 언어처럼 기능하고 있죠. 언어를 모르면 해당 언어권의 사람과 대화할 수 없듯이, 수학이라는 언어를 모르면 현대 과학 기술의 발전 과정에서 의미 있는 역할을 하기가 어려워요. 영화 〈뷰티풀 마인드A Beautiful Mind〉의 모델인 존 내쉬John Nash라는 수학자는 수학적인 업적으로 노벨 경제학상을 받았어요. 존 내쉬는 수학 이론의 하나인 게임 이론으로 상을 받았는데, 이 게임 이론으로 노벨 경제학상을 받은 사람만 해도 열 명이나 돼요. 비단 게임 이론뿐 아니라, 요즘 사회과학에서는 카오스 이론도 응용하고 있어요. 어떤 분야든 두각을 나타내기 위해선 남들보다 훨씬 더 한 단계 나아갈 수 있는 비장의 무기를 가질 필요가 있는데, 저는 수학이 그 무기 역할을 할 수 있다고 생각해요.

정재승 만약에 어떤 학생이 교수님께 "아버지가 하시던 레스토랑을 물려받아서 그냥 장사할 건데, 제가 정말 인수분해를 할 줄 알아야 할까요? 미적분을 할 줄 알아야 할까요?"라고 묻는다면 어떻게 답해주시겠어요? 또는 "저는 미용사가 될 건데⋯."라고 하는 학생에게는 어떤 말씀을 해주고 싶으신가요?

박형주 얼마 전 미국에 갔다가 미시건 대학교의 한국인 수학 교수님을 만난 적이 있어요. 그분 말씀이 인상적이었어요. 최근 미국의 대학에서는 일반인을 대상으로 강의가 많이 이루어진대요. 과학 강의도 포함되고요. 예전에는 몇 십 명 정도 와서 들었던 반면, 요즘에는 1000명 정도의 청중이 모여들어 아주 큰 대중 강연이 이루어진다는 거예요. 은퇴한 분들, 머리가 희끗희끗한 분들이 와서 강연 내용을 받아 적으면서, 컴퓨터로 검색해가면서 강연을 듣는대요. 이게 불과 5~10년 사이의 변화라고 했어요. 과학 기술의 발전이 세상을 어떻게 바꾸는지, 우리가 사는 세상에서 어떤 일들이 벌어지고 있는지 알아야 되겠다는 필요성이 커졌다는 것이죠. 우리가 살아가는 시대는 모든 것이 정보화 되어가고 있고, 빠르게 발전하는 시대예요. 지구 건너편에서 어떤 일이 일어나는지, 아프리카에서는 왜 돈을 필요로 하는지 등 우리는 생업과 별개로 바깥세상 일에 관심을 가져야 하죠. 지금 미국에서 막 은퇴하신 분들은 베이비부머 세대에 속하는데, 은퇴한 후 연금으로 살기는 하지만 지적 관심이 너무나 큰 거예요. 이들 세대는 세상일에 관심이 많았지만, 그 동안 배울 기회가 없었던 거였죠. 그래서 지금 다시 미적분을 공부하기도 하죠. 그런 분들이 정말로 많아요. 게다가 기술의 발전과 새로운 지식의 출현 속도가 가속화되고 있어서 열심히 배워도 금방 낡은 지식이 되잖아요? 그러니 얼마나 많이 아는가보다는 추세의 변화를 인지하고 새로운 지식을 받아들이는 능력이 훨씬 중요한 시대가 되었죠. 수학은 논리적인 사고의 방식을 가르쳐주고 새로운 지식을 접근하는 방식을 가르쳐줍니다. 제 생각은, 학생들 가운데 레스토랑 오너가 될 사람도 있고, CEO가 될 사람도 있고, 직장인이 될 사람도 있겠지만, 생업에 필요하기 때문이 아니라 바깥세상에 어떤 일들이 벌어지고 있는지 이해하기 위해서 수학을 가까이 한다면 충분히 흥미롭고 재미있는 일

"수학이라는 하나의 창, 하나의 도구를 가지고 있다면
아마 분명히 많은 일들을 통찰력을 지닌 채
볼 수 있게 될 것이라고 생각해요."

이 될 거예요. 지금과 같은 시대에 수학이라는 하나의 창, 하나의 도구를 가지고 있다면, 아마 분명히 많은 일들을 통찰력을 지닌 채 볼 수 있게 될 것이라 생각해요.

정재승 교수님께서 생각하시기에, '수학 중에서 이것을 이해하지 못하고 세상을 떠나면 억울하겠다'라는 것을 하나 뽑자면 무엇이 있을까요? 개념이나 공식도 좋고, 수학적 통찰도 괜찮습니다.

박형주 대개 초등학교 때 수학을 배우기 시작해서, 중학교 때 기하를 배우고, 고등학교 때 미적분과 통계 등을 배우잖아요. 그런데 각자 전공을 정해서 대학에 진학하고 졸업해서 직장에 들어간 다음에 수학에서 멀어지게 되면 다 잊어버리죠. 저는 사실 수학의 구체적인 내용들은 다 잊어버려도 된다고 생각해요. 제가 수학 교육이 필요하다고 얘기했던 것은 수학이 바깥세상을 이해할 수 있는 하나의 큰 창이고 도구이기 때문이었어요. 그런 무기를 사용할 수 있는 기회를 줘야 한다는 측면에서 얘기했던 거예요. 예를 들어 셜록 홈스와 CSI를 비교해볼께요. 미국 드라마 CSI에서는 심각한 종류의 수학을 많이 써요. CSI를 보면, CCTV 화면에서 범인의 얼굴이 제대로 안 나오면 수학의 한 분야인 해석학 같은 것을 이용해서 잡음들을 싹 지우고는 선명한 얼굴이 나오게 하죠. 여기에 사용되는 수학은 일반인에게는 꽤 어려운 거예요. 과학수사대나 아니면 과학수사대를 돕는 사람들은 그런 심각한 수학을 사용하는 사람들이죠. 하지만 셜록 홈스를 보세요. 과학수사대처럼 홈스도 똑같이 사건을 해결하지만 홈스가 수학을 잘하는 사람은 아니잖아요. 수학을 모르고도 사건을 잘 해결하죠. 하지만 셜록 홈스와 과학수사대와의 공통점을 찾을 수 있어요. 홈스도 철저하게 논리적으로, 자기가 수집할 수 있는 모든 데이터로부터 어떤 귀납적인 사고 과정을 거쳐서 결론을 끄집어내죠. 이렇게 합리적인 결론을 끄집어내는 사고 과정은 수학 교육을 통해 형성되는 것이거든요. 저는 구체적인 수학 공식이나 내용은 잊어도 괜찮지만, 그렇게 터득한 사고방식을 여러 가지 문제에 자꾸 적용해보는 것이 중요하다고 생각해요. 그런 훈련을 통해 논리의 비약을 피할 수 있죠. 저는 모든 학생들이 공부하면서 배우고 터득했던 수학적 사고방식을 세상일에 적용했으면 좋겠어요.

정재승 논리적 추리, 인과관계에 주목하는 것이 중요하다는 말씀이시군요. 안타깝게도 정작 학교에서는 그런 걸 가르쳐주지 않지요. 사실 생각하는 법을 가르쳐야 하는데 말이죠.

박형주 모든 학생들이 과학수사대가 될 수 없지만, 셜록 홈스는 될 수 있다고 생각해요.

정재승 강의를 하시면서 '일상에서 수학적으로 사고하는 게 중

"실수할 수 있도록 하자, 주관식을 과감하게 도입하자,
이게 제 생각입니다. 그렇게 하면 학생들이 지금보다는
'좀 틀려도 되지. 논리적인, 그리고 창의적인
생각을 하는 것이 중요하구나' 하고 생각하게 될 거예요.
그러면 실제로 문제를 풀 때 자기가 배운
여러 가지 것들을 응용해서 문제를
풀어나갈 것이라는 게 제 생각입니다."

요하다'라는 것을 강조하셨습니다. 교수님께서는 일상에서 수학적 사고를 자유자재로 적용하시면서 살고 계신지 궁금해지는데요, 수학자로서의 직업병, 심지어 불편할 정도의 직업병을 갖고 있으신가요?

박형주 가족한테 제가 곧잘 듣는 불평이 있어요. 제가 논리적으로 완벽한 답을 하려고 애쓴다는 거예요. 별 생각 없이 아주 간단한 것을 물었는데, 제가 한 10분 정도 생각하더니 얘기한다는 거예요. 한 단어로 얘기해주면 되는데 말이에요. 그 10분 동안 가정을 세우고, 그것에 맞게 근거를 세워서, 논리적으로 완벽한 답을 하려고 하는 거죠. 그러면 아내와 어머니가 한 단어를 툭 내뱉으면서 "그러니까 이렇단 이야기네"라곤 해요. 그런 의미에서, 제 직업병을 얘기한다면, 아주 짤막하게 결론만 내놓아도 되는데 항상 그 체계를 다 보여주고 싶어 하는 게 아닐까 싶어요.

정재승 여러분, 이런 아빠 어떠세요? (청중 웃음) 이제 주제를 넓혀보도록 하겠습니다. 교수님께서는 우리나라 수학 교육의 문제가 있다고 보시는지요? 있다면 무엇이라고 보십니까?

박형주 저는 학생들에게 실수할 여지를 줘야 한다고 생각해요. 시험 혹은 평가라는 건 말 그대로, 학생들의 성취를 측정하는 방법입니다. 평가를 잘 받기 위해 공부하는 건 분명히 아니거든요. 그런데 우리나라에선 입시가 워낙 중요하다 보니까 입시에 모든 걸 맞추게 됩니다. 그런데 이런 입시가 모두 객관식 시험이에요. 무슨 말이냐 하면, 이렇게 되면 가능한 한 빠른 시간에 문제를 풀면서 실수하지 않고 푸는 것을 학생들에게 요구하게 됩니다. 빠르게 풀기와 실수 안 하기, 이 두 가지를 가르치게 되는 거예요. 근데 저는 실수할 여지를 줘야 한다고 생각하거든요. 주관식 문제는 학생이 문제를 푸는 전 과정을 보게 됩니다. 답이 틀려도 그 과정을 볼 수가 있어서 부분 점수를 줄 수도 있어요. 학생이 논리적인 과정을 거쳐 문제를 풀고 있는지 아닌지를 전체적으로 파악할 수 있거든요. 학생들은 어쩌다 실수할 수가 있죠. 주관식 채점에서는 학생들이 어떤 것을 이해하고 있는지를 측정할 수가 있어요. 그런데 객관식에서는 실수를 절대 용인하지 않아요. 사실 저도 계산할 때 실수를 많이 해요. 저라면 요즘과 같은 이런 제도 아래에서는 대학에 들어가기 힘들었을 거예요. 실수할 수 있도록 하자, 주관식을 과감하게 도입하자, 이게 제 생각입니다. 그렇게 하면 학생들이 지금보다는 '좀 틀려도 되지. 논리적인, 그리고 창의적인 생각을 하는 것이 중요하구나' 하고 생각하게 될 거예요. 그러면 실제로 문제를 풀 때 자기가 배운 여러 가지 것들을 응용해서 문제를 풀어나갈 것이라는 게 제 생각입니다.

정재승 수학과 관련되어 사회적 논란이 되고 있는 것을 여쭤보겠습니다. 요즘 '수학 시간에 전자계산기를 써도 되느냐 마느냐'를 놓고 갑론을박하고 있습니다. 좀더 현실적인 수학 문제를 내면서 계산기를 쓰도록 하자는 쪽도 있고, 그 시기에는 직접 계산해보는 것이 필요하다는 쪽도 있습니다. 이런 논란에 대해 어떻게 생각하시나요?

박형주 저는 수업 시간에 사용하는 것과 시험을 볼 때 사용하는 것을 조금 구분해서 생각해요. 저는 수업 시간에 사용하거나 숙제를 하기 위해 사용하는 데에는 대찬성입니다. 학생이 풀 수 있는 폭이 훨씬 넓어지거든요. 실제로 계산기를 사용해서 할 수 있는 숙제를 일부러 만들어 내줄 필요도 있고요. 그런데 시험 시간에 사용하는 것은 조금 다른 문제인 것 같아요. 기본적인 계산 능력도 측정할 필요가 있거든요. 미국에서는 시험 시간에 전자계산기를 사용합니다. 그렇게 하니까 정말로 기본적인 계산 능력도 갖추지 못한 채 졸업하는 학생들이 생겼어요. 그래서 저는 학생들이 수학 공부를 할 때 컴퓨터나 계산기를 과감하게 사용할 필요는 있지만, 시험을 볼 때 사용하는 것에는 주의할 필요가 있다는 의견을 갖고 있습니다. 기본적인 연산 능력은 갖춰야 되니까요. 우리가 수학을 배울 때, 초등학교 때에는 숫자를 배우고 나중에는 문자를 사용해서 배우잖아요. 그래서 일차 방정식도 $2x + 3 = 5$, 이런 걸 풀다가 $ax + b = 0$과 같은 문제를 풀잖아요. 그래서 a가 0일 때와 0이 아닐 때의 경우를 나눠서 풀죠. 이를 통해 어떤 추상화 과정을 배우게 됩니다. 수학 교육에서 매우 중요한 부분이죠. 현실에서 접하는 데이터들은 깔끔한 숫자가 아니라 크고 복잡한 숫자들이에요. 이들 숫자들을 가지고 배운 개념들이 현실 세계에 어떻게 쓰이는가를 가르쳐야 하겠지만, 이 방법이 그 개념을 가르치는 가장 좋은 방법인가에 대해서는 확신이 없어요. 추상화 과정을 통해 '무엇이 $ax + b = 0$이다'라고 써놓으면 '일차방정식은 변수가 하나이고, 숫자는 그게 뭐여도 되는구나' 하면서 추상화 과정에서 문제의 본질을 깨닫게 되죠. 현실에서 나오는 큰 숫자들을 가지고 이렇게 푸는 방법도 있구나 할 수는 있겠지만, 그것이 일차방정식을 가르치는 가장 좋은 방법은 아닐 수 있거든요. 그래서 '수학적 추상화'와 '현실적인 데이터를 사용함으로써 생기는 현실감', 이 두 가지를 같이 가야 하는 것인지 고민해야 되는 거죠. 이 문제에 대해 저도 관심이 있어서, 언젠가 라디오 시사 토론에 전화 인터뷰를 한 적도 있습니다. 그때는 몰랐는데 나중에 보니까 제가 반대 토론자로 나와 있더군요. 제 입장은 계산기를 사용할 때에는 유의해야 할 부분이 있다는 것이었습니다. 찬반으로 나눌 수 있는 게 아니거든요. 그런데 토론 형식이다 보니 찬반으로 갈려서, 제가 반대

입장인 것처럼 보였지요.

정재승 이슈를 바꿔보겠습니다. 다음 교육과정부터는 집합을 고등학교에서 가르치게 된다는 얘기를 들었습니다. 집합을 모르고 함수를 배우는 게 맞는지 틀리는지 의견이 분분하던데, 교수님께서는 어떻게 생각하시나요?

박형주 그런 논란이 있었군요. 저는 수학 교육 쪽에는 약간 문외한이에요. 사실 고등학교 수학 교육과정에서 앞으로 당겨도 문제가 없는 것은 집합과 명제 단원이라 생각해요. 훨씬 더 일찍 가르쳐도 충분히 소화할 수 있고요. 고등학교 때 기억을 더듬어 보아도 집합은 일찍 배웠어도 충분히 배웠을 것 같아요. 그것들을 배우면 확률과 통계를 배울 때에도 더 수월할 수 있죠. 저는 앞당기는 것이 더 논리적이라고 생각해요.

정재승 함수를 집합 개념 없이 가르쳐도 될까요? 중학교 1학년 때 집합을 배우면 문제가 없는데 말이죠. 그동안 그렇게 해왔고요. 집합을 고등학교 때 배우면, 이제 공역과 치역을 모르는 학생들에게 함수를 어떻게 설명할 것이냐, 하는 게 문제가 될 것 같아요. 집합적 사고를 자연스럽게 하면서 함수를 받아들여야 하는 것일 텐데 말이죠. 그게 적절하느냐 그렇지 않느냐에 대한 논란이 있는 것 같습니다. 제가 생각하는 함수는 집합들 사이의 특별한 관계거든요.

"수학과 학생들은 현대 수학의 특정 영역을 배우기도 하지만
그 과정에서 논리적인 사고 방법을 터득하게 되죠."

"여행 좋아하시는 분은 수학자가 되는 걸 고려해봐야겠군요."(청중 웃음)

박형주 그러니까요. 전적으로 동의합니다.

정재승 여기 있는 학생들 중에서 "나는 정말 수학이 재밌어" 혹은 "수학과에 가고 싶어"라고 말하는 학생들이 있을 수 있잖아요? 그 학생들에게 어떤 조언을 해주고 싶으신가요?

박형주 고등학생들에게 제 나름대로 진로 상담 같은 걸 해줄 기회가 있었어요. 포항공과대학교 수학과 주임교수이고 학과장이었으니까, 학생들이 견학을 오면 이런 이야기를 할 기회가 있었거든요. 수학을 전공하겠다고 하면 부모님들께서 더 걱정을 하세요. "우리 애가 수학과를 가면 먹고 살 수는 있나요?" 하

"수학자들은 다른 수학자들과 상호 소통하는 곳이
바로 실험실이에요. 제 생각엔 수학 교수가
가장 여행을 많이 하는 직업일 거예요."

는 거죠. 그 다음에 "도대체 무엇을 하게 되는 건가요?"라는 질문을 많이 해요. 학원 선생님 말고 다른 거 또 할 게 있는지 궁금한 것이죠. 많은 분들이 수학과 졸업생들이 무엇을 하는지 모르는 것으로 보여요. 사실 현대 수학의 영역은 너무나도 다양해져서 할 수 있는 게 참으로 많아요. 예컨대, 1990년대에 한 조사기관이 미국 실리콘밸리의 세계적인 기업들의 인사 담당자를 조사한 적이 있어요. 신입 사원을 뽑을 때 어느 과 출신을 선호하는지를 조사했죠. 1위는 기억이 안 나지만, 2위가 수학과였어요. 왜 그런가에 대해 여러 추측들이 제시되었는데, 수학과 출신이 새로운 것을 더 빨리 배우기 때문이라는 추측이 있었어요. 과학 기술이 워낙 빨리 발전하니까, 신입 사원이 대학에서 전자공학이나 컴퓨터공학 등 어떤 특정한 영역을 전공하고 와도 현장에서는 그보다 훨씬 앞선 기술을 사용하기 때문에 새로 교육을 다 받아야 하거든요. 오히려 배운 걸 다 내려놓고 새로 배워야 해요. 누가 많이 아느냐가 아니라, 누가 새로운 것을 더 빨리 배우느냐가 중요하죠. 논리적인 훈련 과정은 현장에 도움이 된다는 것을 적어도 실리콘밸리 기업 인사 담당자들은 경험했거든요. 수학과 학생들은 현대 수학의 특정 영역을 배우기도 하지만 그 과정에서 논리적인 사고 방법을 터득하게 되죠. 그런 사고 훈련이 나중에 뭘 하든 간에 굉장히 도움이 된다는 것이 어느 정도 증명되었고요. 수학의 영역이 많이 확장되어서, 금융이나 보험 및 각종 투자 회사에서 뽑는 신입 사원의 출신학과 가운데 단일 학과로 가장 많은 게 수학과예요. IT 기업으로도 많이 진출하죠.

정재승 구체적으로 포스텍 수학과의 경우 한 학년 졸업생이 모두 몇 명인가요?

박형주 20명이요.

정재승 그러면 20명의 진로가 대략 어떻게 되나요?

박형주 20명 중에 반 정도가 대학원에 진학해요. 수학자가 되는 거죠. 나중에 수학과 교수가 되거나 수학연구소 연구원 등이 돼요. 20명 중의 반 정도가 바로 취직을 하는데, 요즘은 은행 펀드팀이나 보험 및 투자 회사 등에 가는 비율이 높아요. 한 3분의 1 정도 돼요. 최근에 굉장히 많이 갔고요. 타 전공 대학원으로 진학하는 경우도 많아요. 물리학과나 공과대학으로. 수학 전공자들이 물리학과나 공과대학에 가면 금방 따라잡거든요. 사실 대학에 진학할 때 많은 학생들이 무엇을 하면서 인생을 살아가야 할지 잘 모르잖아요. 부모님의 기대는 기대일 뿐이고, 정작 본인은 잘 모르는 경우가 많아요. 세상에 어떤 일들이 있는지 알고 난 다음에 결정해야 하는데, 학생들이 입시공부에 치이다 보니 살펴볼 시간이 없었던 거예요. 인생을 뭐하며 살아갈 것인지 생각할 기회와 시간이 없어요. 대학을 진학할 때 뭐하면서 인생을 살 것인지 결정한다는 게 잔인한 거죠. 생각할 시간이 필요한 일이거든요. 선택의 폭이 좀더 넓은 것을 선택하면 나중에 결정적인 순간에 좀더 현명하게 선택할 수 있죠. 그런 의미에서 수학과는 좋은 선택이라고 생각해요. 수학을 전공하면 타 학문으로 전공을 바꾸는 게 쉽거든요. 선택의 시기를 늦추는 효과가 있죠. 이게 제가 곧잘 학생들에게 이야기하는 수학과의 매력이에요. 직업 수학자가 된다면, 다른 수학자들과 의견과 정보를 교환하는 데 많은 시간을 쓰게 되죠. 타 학문 분야의 교수님들은 어떤 결과를 내기 위해서 실험실에서 많은 시간을 보내며 밤낮을 가리지 않고 연구하는 반면, 수학자들은 다른 수학자들과 상호 소통하는 곳이 바로 실험실이에요. 그래서 수학자들은 학회도 많이 가고, 공동연구를 위해 여행도 많이 해요. 제 생각엔 수학 교수가 가장 여행을 많이 하는 직업에 속할 거예요. 저도 특별히 많이 다니는 축에 속해요.

정재승 얼마나 많이 다니시나요?

박형주 1년에 15만 마일(약 24만 킬로미터) 정도요.

정재승 1년에 15만 마일이면 학회를 몇 번쯤 가시는 거예요? 미국을 왔다 갔다 하면 1만 5000마일(약 2400킬로미터) 정도 되는 것으로 알고 있어요.

박형주 미국에 4~5번, 유럽에 3~4번, 그 다음에 일본, 중국, 동남아시아. 2009년에는 EBS 수학 다큐멘터리를 찍은 적이 있는데, 그때는 아프리카 케냐를 갔다 왔어요. 요컨대 수학자는 가장 많이 여행하는 직업일 거예요.

정재승 여행 좋아하시는 분은 수학자가 되는 걸 고려해봐야겠군요. (청중 웃음)

박형주 여러 군데를 돌아다닐 수 있고 많은 사람들을 만날 수 있다는 게 제 직업이 가진 특성 가운데 제가 가장 좋아하는 면이죠. 그건 제 성격과 너무나도 잘 맞아요.

정재승 근데 여행을 좋아한다고 해서 수학과에 가서 살아남을 수 있을까요? 여행 가는 수학자가 될 수 있어야 하잖아요?

박형주 그렇겠죠? (청중 웃음)

정재승 학교에서 배우는 수학 말고 다른 책을 통해서 수학의 즐거움을 만끽하고 싶은 학생이나 수학이라는 과목에 진정한 흥미를 느끼지 못했다고 생각하는 학생에게 권하고 싶은 책이 있다면 무엇이 있을까요?

박형주 아까도 말씀 드렸다시피 저는 인물에 약해요. 아인슈타인이 한 번 제 인생을 바꿨고, 갈루아가 제 인생을 또 바꿨죠. 갈루아는 인류 역사상 가장 오래된 난제를 해결한 프랑스 수학자입니다. 수학 난제 중 하나가 5차 방정식의 일반해가 존재하는가 하는 문제였어요. 2000년 이상 풀지 못한 문제였죠. 갈루아는 이 문제를 십대 때 해결했어요. 스물세 살에 안타깝게도 요절했고요. 당시 프랑스는 왕당파와 시민파가 치열하게 싸우던 시기였는데, 이분은 시민혁명의 선두에 서서 불 같은 인생을 살다간 분이에요. 죽을 때도 굉장히 드라마틱하게 죽었죠. 어떤 여자를 사랑했는데, 다른 남자도 그 여자를 사랑한 거예요. 그래서 두 남자가 결투를 벌였죠. 갈루아는 권총 결투의 달인이었고 항상 이겼었지만, 그날 결투에서는 졌죠. 그 짧은 인생에 군론이라는 것을 만들어서 수학 난제를 해결했어요. 제 생각에 군

"수학사 책은 제 인생에서도 제일 중요했던 책이었어요.
그 다음으로 '수학이라는 게 숫자를 다루는 게 아니라
수학을 연구하는 사람들의 이야기이구나'라는 것을
이해하는 게 수학을 사랑하는 가장 첫 번째 단계인 것 같아요."

론은 19~20세기를 바꾼 이론이에요. 아까 말한 것처럼 자연의 대칭성을 표현하는 강력한 도구를 과학자들에게 주었어요. 고등학생이 대학에 진학할 때 모두들 어느 과에 들어가야 할지, 무엇을 하고 살아가야 할지 결정하기가 쉽지 않잖아요. 제 경우는 인물 전기를 보는 것이 통했어요. 무엇이 그 사람들의 인생을 바꿨는지를 보는 것. 그래서 저는 인물 전기를 추천하고 싶어요. 갈루아와 관련된 책으로는 우리나라에 여러 권 소개되었어요. 인터넷을 검색해보면 찾을 수 있을 거예요. 『에바리스트 갈루아, 한 수학 천재를 위한 레퀴엠』, 『프랑스 수학자 갈루아』 등이 있어요. 수학자로는 독일의 다비트 힐베르트David Hilbert도 눈여겨볼 만해요. 20세기 초 독일의 괴팅겐이라는 도시는 현대 수학의 중심이었어요. 힐베르트의 전기를 보면 20세기 전반부에 현대 수학이 어떤 형태의 흐름으로 이어지는지를 한눈에 볼 수 있을 거예요. 『현대 수학의 아버지 힐베르트』라는 책도 있고, 힐베르트의 강의록이라고 할 수 있는 『기하학과 상상력』도 번역되어 나와 있어요. 전기는 남의 이야기이긴 하지만, 위인들이 살아가는 인생을 보면서 '내가 그 시대에 살았다면 어떤 역할을 했을까' 하는 식으로 자기를 그 시대에 끼워 넣어서 상상할 수도 있죠. 그 과정에서 자신의 미래에 관한 그림을 그릴 수도 있을 거예요.

정재승 전적으로 동의합니다. 저한테 누군가가 수학책을 추천

해달라고 하면 저도 같은 이야기를 해요. 수학사와 수학자들의 이야기를 읽어보라고요. 수학사는 우리가 교과서에서 배우는 수학이 역사적으로 어떻게 처음 등장했고, 왜 그것이 중요한지, 당시 사람들이 무엇을 고민했는지, 교과서에 나오는 그 내용들이 결국 어떻게 완성되는지를 접하게 되잖아요. 학교에서는 안 가르쳐주지만 사실은 진짜 알아야 하는 것을 가르쳐주거든요. 수학사 책은 제 인생에서도 제일 중요했던 책이었어요. 그 다음으로 '수학이라는 게 숫자를 다루는 게 아니라 수학을 연구하는 사람들의 이야기이구나'라는 것을 이해하는 게 수학을 사랑하는 가장 첫 번째 단계인 것 같아요. 그래서 수학자들에 대한 평전을 읽다 보면 그 매력에 빠져서는 '나도 이런 수학자가 되어야지' 하는 생각을 할 수 있을 것도 같아요. 아마 여기 앉아 있는 학생들 중에서도 평소에 궁금했던 것이 있을 거 같아요. 학생들 질문을 들어볼까요?

학생 개인적인 질문인데요. 아까 교수님께서 학생들이 시험 볼 때 너무 짧은 시간에 많은 계산을 하게 된다고 이야기하셨잖아요. 실제로 저는 계산을 잘 못해요. 계산할 때 실수를 많이 하지만, 수학을 괜찮은 과목이라고 생각하고 있어요. 지금 이 시점에서 저는, 수학 점수를 잘 받기 위해 계산 훈련을 열심히 해서 수학에 자신감을 갖는 게 좋을까요, 아니면 계산을 잘하진 못

해도 수학을 즐기는 게 더 좋을까요?

정재승 굉장히 현실적인 질문이네요. 계산을 잘하지 못하는 학생은 도대체 이런 사회에서 어떻게 살아야 하는가? 계산기를 1960년대부터 사용했던 미국으로 가야 하는 것일까, 아니면 몇 년을 기다렸다가 다음 교육과정에서 적응해야 하는 것일까, 그것도 아니면 계산 훈련을 해야 하는 것일까? 많은 학생들이 던지고 싶은 질문인 것 같아요. 수학 자체는 재미있는데, 계산할 때 실수가 많아서 재미있는 만큼 점수가 나오지 않는 경우가 있을 수 있죠. 그런 학생은 어떻게 해야 하나요?

박형주 앞에서 얘기했던 것처럼, 저는 시험 문제를 서술형이나 주관식으로 내서 학생들의 풀이 과정을 보고 점수를 부여하는 방식으로 가야 한다고 생각해요. 주관식 문제의 풀이 과정을 보고 학생이 제대로 논리적으로 문제를 다루는지를 평가하는 거죠. 아마 궁극적으로 그렇게 제도가 바뀌어갈 것이라고 생각합니다. 한번은 기회가 되어서 교육정책 관련자들과 이야기를 나눠보니, 실제 입시나 평가는 여러 과목이 있기 때문에 하나만 바꾸기가 쉽지 않다고 하더군요. 채점 자체가 어렵기도 하고요. 그래서 제도가 바뀌는 데에는 시간이 조금 걸릴 것 같아요. 그렇다고 그 동안 기다리고 있을 수는 없잖아요? 일단은 지금 이해한 것에 비해 연산 능력이 조금 부족해서 점수가 잘 나오지 않고

"난제는 그 자체로 가치가 있어서 계속 그 해답을
찾는 일을 해야 한다고 생각하고 있어요."

그로 인해 원하는 과에 지원하기 어렵다고 한다면 본인에게 너무 큰 손해인 것으로 보여요. 기성세대가 제도를 바꾸는 노력을 기울이는 동안, 학생은 실제 여러 가지 문제들을 다뤄보고 연습하는 수밖에요. 사실 연산 능력이라는 것은 문제들을 더 많이 다뤄보고 계속 연습하면 어느 정도 향상되거든요. 여기서 제가 연산 능력이라는 건 크게 중요한 것은 아니니까 제도 밖에 있으라고 말하는 건 조금 무책임할 것 같군요. 제 생각에는 여러 수학자들의 삶의 발자취를 따라가며 수학 공부에 대한 동기를 찾는 한편으로, 연산 능력을 향상시키는 데에 좀 더 시간을 쓸 필요가 있어요.

학생 교수님께서는 수학을 전공해서 무슨 일을 하고 싶었는지 궁금해요.

박형주 저는 처음에 갈루아의 업적을 접했을 때 눈이 뜨이는 듯한 경험을 했어요. 정말 세상이 바뀌는 경험이었어요. 사람마다 계기가 다 다른 거죠. 저는 물리학을 전공했다가 수학자가 되겠다고 마음먹고는 대학원에 들어갔어요. 그 당시에 대수기하학이라는 것을 하고 싶었어요. 수학에서도 세부 분야가 많아요. 가장 역사가 오래된 것은 고대 그리스까지 거슬러 올라가는 정수론과 대수기하학이에요. 저는 기본적인 기하학을 하고 싶었어요. 지금도 기하학에서는 풀지 못한 것들이 많은데, 그런 어려운 문제를 푸는 데 기여하고 싶었어요. 나중에는 조금 달라졌죠. 물론 지금도 난제는 그 자체로 가치가 있어서 계속 그 해답을 찾는 일을 해야 한다고 생각하고 있어요. 어떤 이들은 페르마의 마지막 정리도 그렇고, 임의의 각을 3등분하는 문제도 그렇고, 그런 문제들을 풀어서 뭐 하냐고 얘기해요. 하지만 문제를 푸는 과정에서 파생하는 것들이 있어요. 갈루아가 난제를 풀기 위해 고안한 군론이라는 것은 세상을 바꾸었거든요. 350년 만에 풀린 페르마의 마지막 정리도 마찬가지예요. 그것을 풀 때 타원 곡선이라는 것을 사용했어요. 지금 그 타원 곡선을 가지고 한국에서는 교통카드의 암호를 만들고 있어요. 교통카드에는 암호가 들어가거든요. 그래서 난제는 그 문제를 풀어서 종지부를 찍는 것보다, 문제를 푸는 과정에 주목할 필요가 있어요. 문제를 푸는 과정에서 많은 시도를 하게 되는데, 그런 시도 속에서 새로운 개념이 나오거든요. 그런 새로운 개념이 인류의 지적 수준을 높이죠. 그 과정에서 엉뚱한 게 튀어나와서는 카드 속 암호를 만들기도 하고요. 저는 우리가 예상하지 못했던 그 과정에 동참해서, 그런 지적인 작업의 한 부분이 되고 싶었어요. 그 당시에는 난제를 푸는 것이, 그것을 풀든 풀지 못하든 간에 그 과정이 궁극적으로는 사회 문제들을 해결하는 데 유용하게 영향을 줄 것이라고 생각했어요.

정재승 그러면 지금 박 교수의 머릿속에 있는 그 난제가 궁금한데요. 죽기 전에 꼭 풀고 싶다는 난제가 있다면 무엇인가요? 저희가 못 알아듣겠지만 한번 말씀해주세요.

박형주 너무 어려워서 안 할지도 모르지만……. 지금 수학계에서는 풀면 백만 달러를 주는 7개의 문제가 있는데 그 중 하나예요. 1900년대에 힐베르트가 제시한 23개의 미해결 난제에도 포함된 문제죠. 바로 리만 가설이라는 문제예요. 리만 가설이란 소수prime number와 관련되어 있어요. 소수를 순서대로 얘기하자면 2, 3, 5, 7, … 이렇잖아요? 그런데 2, 3 다음에 5, 7, 11, 13이에요. 간격이 어떤 때는 떨어져 있고 어떤 때는 붙어 있어요. 2와 3은 붙어 있고, 5와 7은 2씩 떨어지고, 그 다음에 11은 더 떨어지고, 그 다음 13은 붙어 있고, 그 다음에 17은 떨어져 있고, 그 다음에 19는 또 붙어 있죠. 소수는 무한히 많거든요. 커지면 그 다음 수는 한참 있다고 오기도 해요. 소수가 등장하는 분포를 보면 규칙이 없어요. 이 소수들을 나열해보면, 수열은 수열인데 아무런 규칙이 안 보여요. 고대 그리스 시대 때부터 이 소수의 분포를 생각했어요. 이처럼 소수 문제는 아주 고전적인 수학이면서도 아주 중요한 문제예요. 최근에도 소수를 연구해서 필즈상을 받은 수학자가 있어요. 2006년에 테렌스 타오Terence Tao라는 수학자가 소수와 관련된 업적으로 필즈상을 받았죠. 자, 보세요. 3, 5, 7은 등차가 2이고 길이가 3인 등차수열이에요. 길이가 4인 소수로 이루어진 등차수열이 있나요? 5, 11, 17, 23이 바로 그런 등차수열이에요. 길이가 5짜리 등차수열을 찾으면 어떤 게 있을까요? 5, 11, 17, 23, 29가 그런 등차수열이죠. 길이가 6짜리인 건 좀더 커져야 해요. 그럼 길이가 10짜리인 등차수열이 있을까요, 없을까요? 찾기가 쉽지 않죠? 그런데 길이 백만짜리 소수로 된 등차수열이 있어요. 시작되는 수가 엄청 큰 수예요. 길이가 천만짜리도 있어요. 임의의 길이를 갖는 소수로 된 등차수열이 항상 있습니다.

정재승 진짜요?

박형주 네. 오랫동안 사람들이 그럴 것이라고 생각했는데 아무도 증명하지 못했었어요. 유명한 추측 가운데 하나죠. 그런데 테렌스 타오라는 수학자가 그것을 증명해서 필즈상을 받았어요. 이분은 한국에도 온 적이 있고, 대중을 대상으로 공개 강의를 한 적도 있어요. 부인이 한국분이죠. 이분은 굉장히 젊어요. 필즈상을 서른 한살에 받았으니, 아직 30대예요. 지금까지 열심히 애기했지만, 아직도 이 소수라는 것은 미스터리한 존재예요. 리만 가설은 '소수의 분포가 어떻게 될 것이다'라는 것에 관한 추측이에요. 우리가 보기엔 아무런 규칙성이 없어 보이는데 소수의 분포에 규칙이 있다는 거예요. 힐베르트가 100년 동안 우리가 풀어야 한다고 제시한 23문제 중 풀지 못한 문제가 2개 있는데 그 중 하나이고, 2000년도에 다시 앞으로 천년 동안 풀어야 할 7개의 문제를 골랐는데 거기에도 들어간 문제예요. 이 7가지 문제에는 각 100만 달러라는 상금까지 걸려 있죠. 이런 문제를 풀면 참 행복할 것 같죠?

정재승 마지막으로, 수학자가 되고 싶은 학생 혹시 없으세요? 근사한 질문이 있을 것 같은데요.

학생 수학과에 들어가면 중고등학교 때랑 대학교랑 조금 다르잖아요? 영어 원서를 보기도 한다던데 제가 영어를 못하거든요. 괜찮을까요?

정재승 수학은 다른 분야보다 영어가 절대적으로 중요할 것 같진 않은데, 박 교수님의 생각은 어떠신가요?

박형주 영어 때문에 수학 공부를 잘 못하게 되지는 않을 거예요. 그런데 수학을 공부하다가 영어 원서를 더 빨리 읽고 싶다거나, 유명한 분의 강의를 좀더 알아듣고 싶다거나 해서, 즉 답답해서 조금 더 영어를 잘하게 되죠. 영어를 못해서 수학에 지장이 있거나 하지는 않을 거예요. 아무래도 처음에 속도는 조금 느리겠죠. 그렇지만 익숙해질 때까지는 조금 더 시간을 들여야겠죠.

정재승 수학은 수를 다루지만, 수는 우주를 다스립니다. 수학이라는 매력에 빠진 교수님과 그런 교수님의 매력에 빠진 강연과 대화였습니다. 근사한 세 번의 강연과 오늘 대담까지, 박형주 교수님께 진심으로 감사드리고요, 상상초월 석학강연을 통해 '칠판에 고인 지식이 아니라, 세상을 이해하는 지식'으로서의 수학을 공부하시길 바라겠습니다. 앞으로도 근사한 석학강연이 계속 기다리고 있습니다. 꾸준히 관심 가져주시고요, 열정적인 시간 함께 해준 박형주 교수님께 다시 한 번 감사드립니다.

상상초월 **석학강연 01**

수학이
불완전한 세상에
대처하는 방법

1판 1쇄　2015년 6월 15일
1판 8쇄　2022년 4월 28일

지은이　박형주
기획　정재승
펴낸이　김정순
편집　허영수 김소희 강상이
디자인　김수진 김진영
일러스트　윤성중
강연 진행　KT&G 상상마당 양미숙 김수진
강연 사진　KT&G 상상마당
마케팅　이보민 양혜림 이다영

펴낸곳　(주)북하우스 퍼블리셔스
출판등록　1997년 9월 23일 제406-2003-055호
주소　04043 서울시 마포구 양화로 12길 16-9(서교동 북앤빌딩)

전자우편　henamu@hotmail.com
홈페이지　www.bookhouse.co.kr
전화번호　02-3144-3123
팩스　02-3144-3121

ISBN　978-89-5605-173-4　04400
978-89-5605-169-7 (세트)